Studien über die proteolytischen Enzyme der Hefe und ihre Beziehung zu der Autolyse

Inaugural-Dissertation

zur Erlangung der Doktorwürde

der

Mathematisch-naturwissenschaftlichen Fakultät

der Hochschule zu Stockholm

Vorgelegt von

Karl Gustav Dernby

Lic. phil.

Springer-Verlag Berlin Heidelberg GmbH

ISBN 978-3-662-42073-7

ISBN 978-3-662-42340-0 (eBook)

DOI 10.1007/978-3-662-42340-0

Inhaltsverzeichnis.

Vorwort.

Diese Untersuchung ist zum größten Teil in dem Nobelinstitut für physikalische Chemie zu Stockholm ausgeführt worden. Es sei mir gestattet, Herrn Professor Dr. Svante Arrhenius für die immerwährende Förderung und das meinen obigen Arbeiten stets entgegengebrachte Interesse meinen aufrichtigsten Dank auszusprechen.

Auch meinen hochverehrten Lehrern, Herrn Professor Dr. H. v. Euler und Herrn Professor Dr. S. P. L. Sörensen, bin ich großen Dank schuldig. Dem ersteren, weil er mir zuerst Anregung zu dieser Arbeit gegeben hat, dem andern wegen der freundlichen Ratschläge und der vielseitigen Unterstützung aller Art, durch die er mich sowohl während meines Aufenthalts in seinem Laboratorium im Sommer 1915, als auch später vielfach gefördert hat.

Auch den Herren Dr. Bruno Rewald, cand. phil. Oskar Klein und Fräulein E. Griese bin ich für freundliche Durchsicht des Manuskripts und der Korrekturen zu vielem Danke verpflichtet.

I.

Einige allgemeine Gesichtspunkte über den Eiweißstoffwechsel der Hefe.

Pasteur war der erste, der auf die große Bedeutung der Eiweißstoffe für das Leben der Hefe hingewiesen hat. Er zeigte, daß die Hefe imstande sei, Eiweiß aus Ammonium salzen, Zucker und anorganischen Nährsalzen zu synthetisieren. Durch die Arbeiten Ehrlichs[1]) ist es dann wahrscheinlich gemacht worden, daß die Hefe die Aminosäuren nicht als Bausteine der Eiweißmoleküle gebraucht, sondern sie zuerst in Alkohole und freies Ammoniak spalten dürfte; letzteres wird dann zur Eiweißsynthese verwendet. Doch hat man auf der anderen Seite gefunden, daß Hefe sich nicht von anorganischen Stickstoffquellen allein ernähren kann; so z. B. haben Wildiers[2]) und Kossowicz[3]) bestimmt gezeigt, daß die Hefe für ihre Entwicklung auch organischer Nährsubstrate, wie Peptone und andere Eiweißabbauprodukte, bedarf. Aus dieser Tatsache hat Wildiers die sogenannte „Bios"theorie aufgestellt, die eine gewisse Rolle in der Gärungschemie gespielt hat. Er meinte nämlich, daß zum Leben der Hefe eine organische Substanz unbekannter Art notwendig sei, und diese nannte er „Bios". Mir scheint es, als könne die Sache viel einfacher erklärt

---

1) F. Ehrlich, Biochem. Zeitschr. 2, 52, 1907.
2) Wildiers, La cellule 18, 313, 1901.
3) Kossowicz, Zeitschr. Landw. Vers. Österreichs 6, 1903.

werden: Während der Gärung sind wohl in der Hefe die verschiedenen proteolytischen Enzyme und Desamidasen unabhängig von den Substraten in dem Medium vorhanden. Sind die Stickstoffquellen darin allein anorganische Salze, so werden die Enzyme außer Funktion gesetzt, daher treten Störungen in den Assimilationsvorgängen ein, welche die Zellvermehrung verhindern. Es wäre also nur eine Art „Hunger"erscheinung.

Die alkoholische Gärung der Aminosäuren wird von einer besonderen Art Enzyme, Desamidasen, bewirkt. Es scheint, als wären diese Enzyme sehr eng mit dem lebenden Protoplasma verbunden. Es ist nicht gelungen, sie in Hefenextrakten oder Preßsaft nachzuweisen.

Ein wichtiges Ergebnis der Arbeiten Ehrlichs ist, daß die Stickstoffaufnahme der Hefe gleichzeitig mit der Gärtätigkeit verläuft. Dies zwingt zu dem Schluß, daß eine enge Beziehung zwischen Gärung und Eiweißstoffwechsel besteht. Ein Versuch, den ich vor einigen Jahren auf Vorschlag von Prof. v. Euler[1]) ausführte, bestätigte dies auch; die Stickstoffaufnahme ging nur in den ersten Stunden vor sich und hörte ganz auf, wenn die Hauptgärung zu Ende war.

Für biochemische Reaktionen im allgemeinen ist der Einfluß der Wasserstoff- und Hydroxylionen von größter Bedeutung. Lüers[2]) hat gezeigt, daß bei der Gärung das Medium, das anfänglich neutral reagiert, immer saurer wird, und die Wasserstoffionenkonzentration strebt dem Endwert $[H^\cdot] = 10^{-3}$ zu. Neuerdings hat Hägglund[3]) die Einwirkung von Wasserstoffionen auf die Gärung untersucht. In diesem Zusammenhang muß ich auch eine neue Arbeit von Neuberg und Färber[4]) erwähnen, wo gezeigt wird, daß die zellfrei alkoholische Gärung auch in alkalischer Lösung vor sich gehen kann. Zusammenfassend kann gesagt werden, daß die Gärwirkung (Produktion von Kohlensäure) der lebenden Hefe in schwach saurer Lösung am größten ist. Die Alkoholgärung und Zellvermehrung scheint aber von der Wasserstoffionenkonzentration

---

[1]) Euler und Dernby, Zeitschr. f. physiol. Chem. **89**, 408, 1914.

[2]) Lüers, Zeitschr. f. d. ges. Brauw. **37**, 1914.

[3]) Hägglund, Hefe und Gärung in ihrer Abhängigkeit von Wasserstoff- und Hydroxylionen. Stuttgart 1914.

[4]) Neuberg und Färber, Biochem. Zeitschr. **78**, 238, **1916**.

weniger abhängig zu sein, als die Wirkungen der speziellen Enzyme. Es ist leicht verständlich, daß in dem durch eine Zellmembran abgeschlossenen Raum der Hefezelle eine ganz andere Wasserstoffionenkonzentration als in dem Medium sein kann.

Im Gegensatz zu dem normalen Eiweißstoffwechsel der lebenden Hefe, der Autoproteolyse, ist die Autolyse oder Selbstverdauung eine Erscheinung, die erst nach dem Abtöten der Zelle eintritt. Bei der Autolyse sind nur die spaltenden Enzyme wirksam, die synthetisierenden scheinen ganz zerstört zu sein. Oder wenn die Enzyme reversibel wirken können, scheint die synthetisierende Fähigkeit ganz verschwunden zu sein. Man muß sich wohl notwendig vorstellen, daß die proteolytischen Enzyme nicht erst nach dem Tode auftreten, sondern daß es dieselben sind, die schon im lebenden Organismus wirken und am normalen Stoffwechsel teilnehmen.

Buchner und Hahn[1]) haben die Meinung ausgesprochen, daß in der Hefe „Antiproteasen" vorhanden seien, die das Eiweiß gegen Zerstörung durch die proteolytischen Enzyme schützen. Dies ist wohl doch eher eine Hypothese als eine endgültig bewiesene Tatsache.

Mit unseren heutigen biochemischen Kenntnissen und Hilfsmitteln ist es nicht möglich, die eiweißsynthetisierenden enzymatischen Vorgänge klarzulegen; ich erinnere nur daran, daß es trotz eifriger Bemühungen noch nicht gelungen ist, eine einwandfreie enzymatische Peptid- oder Eiweißsynthese durchzuführen. Die vorliegende Untersuchung ist ganz auf die eiweißspaltenden Vorgänge beschränkt, und da wir noch nichts von dem Bau der Enzyme wissen und infolgedessen nicht zu einer rationellen Reindarstellung gelangen können, habe ich mich im folgenden nur mit den Wirkungen, nicht mit dem Wesen der proteolytischen Enzyme beschäftigt. Ich habe untersucht, welche proteolytischen Enzyme im Hefepreßsaft vorhanden sind, und diese mit den Verdauungsenzymen, Pepsin, Trypsin und Erepsin, des tierischen Organismus verglichen. Ferner habe ich untersucht, in welcher Beziehung die einzelnen Enzyme zu der Autolyse stehen.

---

[1]) Buchner und Hahn, Biochem. Zeitschr. **19**, 191, 1909 und **26**, 171, 1910.

Wenn ich im folgenden z. B. von der „Hefenereptase" spreche, meine ich damit kein einfaches Enzym, sondern eine Gruppe von Enzymen, die ähnlich wirken. Daß es so ist, müssen wir wohl nach den Arbeiten Abderhaldens[1]) annehmen.

Nach den Arbeiten Sörensens[2]) und Michaelis'[3]) ist es festgestellt, daß die Dissoziationstheorie Arrhenius' auch für die Enzyme gültig ist, denn sie verhalten sich als amphotere Elektrolyte. Bei der Behandlung vorliegender Aufgabe bin ich von diesem Standpunkt ausgegangen.

II.

Die Autolyse der Hefe.

A. Kritik der früheren Arbeiten auf diesem Gebiet.

Es ist eine schon lange bekannte Tatsache, daß mit Chloroform oder einem anderen Antisepticum übergossene Hefe sich selbst überlassen in einiger Zeit verflüssigt wird. Schützenberger[4]) untersuchte das Auswaschwasser aufgeweichter Hefe und fand darin typische Produkte der Hydrolyse von Eiweißkörpern, nämlich teils Aminosäuren, teils Purinbasen, welche letztere, wie Kossel[5]) nachwies, aus den Nucleinen der Hefe entstanden waren. Salkowski[6]), der Hefe mit Chloroformwasser digerierte, war der erste, der die Bildung von Aminosäuren auf einen enzymatischen Prozeß zurückführte. Einen großen Fortschritt in der Kenntnis der Eiweißverdauung der Hefe bezeichnet die Arbeit von Hahn und Geret[7]), die in dem Buchner-Hahnschen Hefepreßsaft ein proteolytisches Enzym, dem sie den Namen „Hefenendotryptase" gaben, nachwiesen. Denn sie meinten, daß dieses Enzym dem Trypsin des Pankreas am meisten ähnelte. Es besaß nämlich die Fähigkeit, Carbolgelatine, Fibrinflocken, Eieralbumin und andere Eiweißkörper zu verdauen, die

---

[1]) Abderhalden, Abwehrfermente, 4. Aufl. Berlin 1914.

[2]) Sörensen, Enzymstudien II. Biochem. Zeitschr. 21, 1909.

[3]) Michaelis, Die Wasserstoffionenkonzentration. Berlin 1914.

[4]) Schützenberger, Die Gärungserscheinungen. 1876, S. 108.

[5]) Kossel, Zeitschr. f. physiol. Chem. 3, 284, 1880.

[6]) Salkowski, Zeitschr. f. physiol. Chem. 13, 506, 1889.

[7]) Buchner-Hahn, Die Zymasegärung. München 1903.

sämtlich gerade zu Aminosäuren gespalten wurden. Hahn nahm ebenfalls an, daß die Autolyse der Hefe ein Werk dieses Enzyms sei.

Dieses Enzym wirkte aber im Gegensatz zu dem in alkalischer Lösung wirksamen Trypsin, nur bei schwach saurer Reaktion der Flüssigkeit, bei alkalischer und sogar neutraler Reaktion war es ganz inaktiv. Als optimalen Säuregehalt gab er 0,2 n Salzsäure an. Er meinte, in diesem Enzym einen ganz neuen Typus von Verdauungsenzymen gefunden zu haben. „Das proteolytische Enzym der Hefe“, sagt Hahn, „stellt einen neuen Typus der Verdauungsenzyme insofern dar, als es bezüglich der nötigen Reaktion (Optimalkonzentration der Wasserstoffionen) den peptischen, in bezug auf die Verdauungsprodukte den tryptischen Enzymen entspricht, in seinem Verhalten gegen die Peptone aber mit keinem der bekannten Enzyme übereinstimmt.“ Und weiter: „Für diese Enzyme, die intracellulär zu wirken bestimmt sind, möchten wir den Namen Endoenzyme vorschlagen und im besonderen das proteolytische Enzym der Hefe als Hefenendotryptase bezeichnen.“

Seit der Arbeit von Hahn sind viele Untersuchungen über die Autolyse der Hefe ausgeführt worden, und ich führe hier einige Namen der Autoren an, welche die wichtigsten Arbeiten gemacht haben: Effront[1]), Palladin[2]), L. Iwanoff[3]), N. Iwanoff[4]), Vandevelde[5]), Navassart[6]), Gromow und Grigorieff[7]), Zaleski und Schataloff[8]), Kostytschew und Brilliant[9]) und Cook[10]).

Als ein allgemeines Urteil über diese Arbeiten läßt sich sagen, daß sie kaum über die Hahnsche Arbeit hinausgehen.

[1]) Effront, Bull. soc. chim., Paris, **33**, 1905.

[2]) Palladin, Biochem. Zeitschr. **44**, 318, 1912.

[3]) L. Iwanoff, Zeitschr. f. physiol. Chem. **42**, 464, 1904.

[4]) N. Iwanoff, Biochem. Zeitschr. **63**, 359, 1914.

[5]) Vandevelde, Biochem. Zeitschr. **40**, 1, 1913.

[6]) Navassart, Zeitschr. f. physiol. Chem. **70**, 189 und 72, 151, 1911.

[7]) Gromow und Grigorieff, Zeitschr. f. physiol. Chem. **42**, 299, 1904.

[8]) Zaleski und Schataloff, Biochem. Zeitschr. **55**, 63, 1913 und **69**, 294, 1915.

[9]) Kostytschew und Brilliant, Zeitschr. f. physiol. Chem. **91**, 372, 1914.

[10]) Cook, Journ. Amer. Chem. Soc. **36**, 1551, 1914.

Bezüglich der „Endotryptase" teilen sie den Standpunkt von Hahn. In dem folgenden werde ich auf einige dieser Arbeiten näher eingehen.

Die Frage nach den Abbauprodukten, die sich bei den proteolytischen Vorgängen der Hefe bilden, ist Gegenstand einer großen Zahl von Arbeiten gewesen. Durch die eingehenden Untersuchungen von Salkowski (l. c.), Hahn[1]), Kutscher[2]), Wróblewski[3]), Ehrlich und Wendel[4]), Pringsheim[5]) und anderen kennen wir die Bausteine des Hefeneiweißes sehr gut. Diese Frage liegt aber abseits des Ziels dieser Arbeit, und ich habe mich damit nicht näher beschäftigt.

Ein weiterer Fortschritt in unserer Kenntnis von den proteolytischen Enzymen der Hefe verdankt man dem englischen Botaniker Vines[6]). Seine Arbeiten sind jedoch leider nur wenig beobachtet worden. Er ist der erste, der klar ausgesprochen hat, daß die „Hefenendotryptase" nicht, wie Hahn meinte, ein einheitliches Enzym sein kann, sondern aus zwei Enzymen, die verschieden wirken, bestehen muß. In Übersetzung lautet seine Schlußfolgerung: „Die zwei Verdauungsprozesse, nämlich die Auflösung von Fibrinflocken und die Spaltung von Witte-Pepton, werden nicht von derselben Protease bewirkt. Vielmehr zeigen die Resultate dieser Arbeit das Vorhandensein von zwei verschiedenen Proteasen an; die eine, im Wasser leicht lösliche, wirkt nur peptolytisch (Ereptase), die andere, in Wasser weniger, aber in $2\,^0/_0$ NaCl-Lösung leichtlösliche, wirkt nur peptonisierend [Peptase[7])]."

Als Versuchsmethoden brauchte er für das peptonisierende Enzym die Auflösung von Fibrinflocken, für das peptidspaltende die Bildung von Tryptophan aus Witte-Pepton. Mit

---

[1]) Hahn und Geret, l. c.

[2]) Kutscher, Zeitschr. f. physiol. Chem. **32**, 59, 1901.

[3]) Wróblewski, Journ. f. prakt. Chem. **64**, 33, 1901.

[4]) Ehrlich und Wendel, Biochem. Zeitschr. **8**, 399, 1908.

[5]) Pringsheim, Wochenschr. f. Brauer. **30**, 399.

[6]) Vines, Annal. of Bot. **18**, 289, 1904 und **23**, 1, 1909.

[7]) Dieser Name ist unglücklich gewählt, denn mit „Peptase" meint man jetzt, nach der allgemein angenommenen Nomenklatur, ein Enzym, das Polypeptide spaltet (siehe Oppenheimer, Die Fermente, 1910). Um jede Verwechselung zu vermeiden, sehe ich es als das Zweckmäßigste an, dieses Enzym Hefe-Pepsin zu nennen.

unseren heutigen Ansprüchen auf Genauigkeit können die sehr interessanten Ergebnisse dieses Botanikers doch nur als qualitativ angesehen werden. Dessen ungeachtet bedeutet seine Arbeit einen entschiedenen Fortschritt.

Die Literatur betreffend die Hefenautolyse ist wie gesagt sehr groß. Gewöhnlich hat man hemmende oder fördernde Einflüsse von verschiedenen anorganischen und organischen Stoffen untersucht. Das größte Interesse hat die Beeinflussung der Autolyse durch Säuren und Basen, d. h. durch Wasserstoff- und Hydroxylionen, gehabt. Auf diesem Gebiet herrscht aber gerade die größte Verwirrung. Die Angaben verschiedener Verfasser widersprechen sich sehr oft; so z. B. haben einige[1]) in den primären Phosphaten „Aktivatoren" gefunden, andere sind zu einem entgegengesetzten Resultat gekommen[2]).

Diese große Verwirrung kann mit einigen Worten erklärt werden: In keinem Falle hat man meines Wissens die Wasserstoffionenkonzentration in den Versuchsflüssigkeiten ermittelt, sondern nur die Acidität bzw. Alkalinität in Prozenten oder die Normalität der zugesetzten Säuren bzw. Basen angegeben. Die wahre Acidität wird durch die Konzentration der Wasserstoffionen bestimmt. In einer Lösung, wo amphotere Elektrolyte, wie Eiweißstoffe, Aminosäuren u. dgl. vorhanden sind, kann man nicht, wenn man nur die zugesetzte Menge Säure kennt, die Wasserstoffionenkonzentration vorhersagen. Dies ist ja bei der Autolyse und im Hefepreßsaft der Fall. Wenn man z. B. etwas Natriumhydroxyd zu bereits saurem Hefepreßsaft zusetzt, so ist es durchaus nicht sicher, daß die Flüssigkeit alkalisch wird. Daraus erklärt es sich, warum bei zwei verschiedenen Forschern der eine Natriumhydroxyd ohne Wirkung fand und ein anderer es als ein „Gift" in bezug auf die Autolyse bezeichnet. In einigen Fällen hat man wohl in diesem Sinne sich die Angelegenheit schon vorgestellt, aber durch die Schwierigkeiten, die sich hierbei boten, abgeschreckt, hat man ganz einfach erklärt, daß die Wasserstoffionenkonzentration eine nur nebensächliche Bedeutung für die Autolysevorgänge habe. Hier führe ich ein paar Beispiele

---

[1]) L. Iwanoff, l. c.
[2]) Zaleski und Schataloff, l. c.

an. Kostytschew und Brilliant sagen z. B.[1]): „In Gegenwart von Eiweiß und beträchtlichen Mengen von Aminosäuren ist es überhaupt nicht immer leicht zu beurteilen, ob und inwieweit die tatsächliche Wasserstoffionenkonzentration verändert wird. Wie gesagt, scheint jedoch dieser Umstand keine wichtige Rolle zu spielen." Zaleski und Schataloff[2]) sind derselben Ansicht: „Unsere Versuche zeigen, daß zwischen der Acidität und der Proteolysenenergie kein Zusammenhang besteht. Obwohl die Konzentration der Wasserstoffionen in unseren Versuchen unbekannt ist, und das Medium ein sehr kompliziertes Gemisch darstellt.[3]) Dennoch finden wir keinen Zusammenhang zwischen der Konzentration der Wasserstoffionen und der Arbeit der proteolytischen Fermente."

Diese sehr bestimmten Urteile sind ausgesprochen, ohne daß man irgendeine Bestimmung der Wasserstoffionenkonzentration in den Versuchsflüssigkeiten ausgeführt hat. Diese hier zitierten Arbeiten sind dabei die wichtigsten auf diesem Gebiet und beleuchten die bisherige Auffassung von dem Zusammenhang zwischen Wasserstoffionenkonzentration und den proteolytischen Vorgängen der Hefe.

Andererseits wissen wir, daß die Wirkungen der einzelnen Enzyme im höchsten Grad von der Wasserstoffionenkonzentration abhängen, und ich habe schon in der Einleitung die hervorragenden Arbeiten von Sörensen und von Michaelis erwähnt. Durch den Zusammenhang zwischen Wasserstoffionenkonzentration und der Enzymtätigkeit, ebenso durch elektrische Überführungsmessungen, hat ja der letztere für eine große Zahl von Enzymen zeigen können, daß diese sich in der Tat wie amphotere Elektrolyte verhalten.

A priori scheint es mir, im Gegensatz zu den oben besprochenen Autoren, als ob bei der Hefenautolyse, bei der wahrscheinlich mehrere verschiedene proteolytische Enzyme teilnehmen, die Wasserstoffionenkonzentration die größte Bedeutung für den Autolysevorgang haben müßte. In der Tat sind auch die oben erwähnten widersprechenden Angaben der verschiedenen Forscher einen indirekten Beweis hierfür.

---

[1]) Kostytschew und Brilliant, l. c. S. 384.

[2]) Zaleski und Schataloff, Biochem. Zeitschr. 69, 298, 1915.

[3]) Der Satz ist fehlerhaft, aber die Meinung ist doch verständlich.

Die Kritik, die ich gegen die früheren Arbeiten über die Hefenautolyse richte, kann in folgende zwei Punkte zusammengefaßt werden:

Man hat nicht nachgeforscht, welche proteolytischen Enzyme in der Hefe vorhanden sind und in welcher Beziehung diese zu der Autolyse stehen.

Man hat nicht den Zusammenhang zwischen Wasserstoffionenkonzentration und Autolysevorgang festgestellt.

Bei diesen Arbeiten hat man nicht mit einfachen, sondern mit Komplexen von Enzymwirkungen, und zwar bei veränderlichen und unbekannten Wasserstoffionenkonzentrationen, gearbeitet. Es ist daher klar, daß die Ergebnisse, insbesondere über die „aktivierenden" oder „paralysierenden" Einflüsse, namentlich von Säuren oder Alkalien, nahezu wertlos sind.

Auch Vines hat den Einfluß von Basen und Säuren auf die Wirkungen der von ihm gefundenen beiden Enzyme der Hefe untersucht. Er gibt das Resultat in folgenden Worten an: „Peptonisierung und Peptonspaltung werden in derselben Weise, aber nicht in demselben Grade von Säuren und Alkalien beeinflußt", d. h. größere Mengen sowohl von Säuren als von Alkalien hemmen die Wirkungen der proteolytischen Enzyme. Doch hat er diese wichtige Frage nicht näher untersucht. Ebenso ist er nicht imstande gewesen, die Beziehung zwischen seinen beiden Enzymen und der Autolyse der Hefe ins rechte Licht zu setzen.

Es scheint, als ob man sich die Autolyse von Organen oder Organismen im allgemeinen als einen außerordentlich verwickelten Prozeß, der fast unmöglich zu entwirren sei, vorgestellt hat. Diese Auffassung kommt z. B. zum Ausdruck in Oppenheimer, „Die Fermente" (S. 243, Leipzig 1909).

„So haben wir bei diesen Autolysen in nuce eine Rekapitulation fast aller bekannten Fermentprozesse", und weiter: „Und doch erscheint es noch nicht an der Zeit, diesen Komplex ganz zu entwirren und alle seine Einzelheiten in eine Besprechung der einzelnen Enzyme aufzulösen."

In der vorliegenden Arbeit habe ich untersucht, welche proteolytischen Enzyme im Hefepreßsaft nachzuweisen sind. Ich habe den Einfluß von Wasserstoff- und ebenso von verschiedenen Salzionen auf die Wirkungen der einzelnen Enzyme und endlich den Zusammenhang zwischen diesen Enzymen und der Autolyse der Hefe studiert.

B. Die Bedeutung der Wasserstoffionenkonzentration für die Autolyse der Hefe.

Im vorigen Abschnitt habe ich gezeigt, daß man schon lange gefunden hat, daß die Wasserstoff- und Hydroxylionen einen ganz besonderen Einfluß auf die Autolyse der Hefe haben. Man hat dies im allgemeinen so erklärt, daß verschiedene Basen und Säuren spezifisch wirken. Meines Wissens hat man in keinem Falle die wirkliche Wasserstoffionenkonzentration ermittelt. Daher habe ich hier den Autolysenvorgang bei verschiedenen Wasserstoffionenkonzentrationen untersucht.

Als Material wurde gut gewaschene, abgepreßte Hefe von der hiesigen St. Erik-Brauerei angewendet. Die Versuchsbedingungen waren die folgenden: In Erlenmeyerkolben von 0,5 l wurden je 50 g Hefe eingewogen, mit 10 ccm Chloroform übergossen und bei Zimmertemperatur bis zum nächsten Tag sich selbst überlassen. Die Hefe war dann vollständig plasmolysiert und verflüssigt. Dann wurde sämtlichen Kolben 40 ccm $n/_5$-Salzsäure, darauf so viel $n/_5$-Natronlauge, wie in Tabelle I zu sehen ist, zugesetzt, bis die gewünschte Wasserstoffionenkonzentration erreicht wurde, und mit destilliertem Wasser auf das Gesamtvolumen 0,5 l aufgefüllt. Die Chlorionenkonzentration war also überall konstant. Die Kolben wurden kräftig geschüttelt und in einen Wasserthermostat mit konstant gehaltener Temperatur von 37^0 eingesenkt. Die Kolben waren mit Bleigewichten versehen, um immer vollständig eingesenkt zu verbleiben.

In dieser dickflüssigen und trüben, Eiweiß, Ammoniak und Kohlensäure enthaltenden Flüssigkeit ist es nicht leicht, die Wasserstoffionenkonzentration genau zu ermitteln. Die elektrometrische Methode ist in diesem Falle wenig geeignet und würde keine sicheren Werte geben, und bei der colorimetrischen muß man den „Eiweißfehler“ der in Frage kommenden Indicatoren berücksichtigen. Dennoch habe ich in diesem Falle die letztere Methode gebraucht. Wie unten gezeigt wird, kommt es hier weniger auf absolute Genauigkeit an, als auf eine

Orientierung, in welchem Gebiet der Wasserstoffionenkonzentration die Autolyse verläuft. Die Versuchsmethodik war die in Sörensens „Enzymstudien II" angegebene; in Kapitel III dieser Arbeit, Abschnitt A, habe ich auch diese näher besprochen.

Es ist zu erwarten, daß bei der Spaltung von Hefeneiweiß zu Aminosäuren die Wasserstoffionenkonzentration sich verändert. Daher wäre es vorteilhaft, sogenannte „Puffer" zuzusetzen, um die Wasserstoffionenkonzentration konstant zu halten. Weder Phosphat- noch Acetatgemische allein waren indessen für alle hier in Frage kommenden Wasserstoffionenkonzentrationen hinreichend. Es ist darum sicherer, ohne Puffer als mit verschiedenen Gemischen zu arbeiten. Es ist jedoch notwendig, festzustellen, in welcher Weise die Wasserstoffionenkonzentration sich verändert.

Als Maß für das Fortschreiten der Verdauung habe ich die Hydrolyse von Peptidbindungen ($-CO.NH-$) gewählt, d. h. die Menge neugebildeten Aminostickstoffs durch die Formoltitrationsmethode von Sörensen ermittelt. Aber es ist fraglich, ob dieses als ein exaktes Maß des Fortschritts der Autolyse anzusehen ist. Wäre die Hahnsche Auffassung von der „Endotryptase" als ein einziges Enzym von dem oben besprochenen sehr speziellen Charakter richtig, so wäre sie ja einwandfrei; aber ist die Vinessche Meinung, daß es zwei verschiedene Enzyme sind, richtig, so ist ohne weiteres ersichtlich, daß die Formoltitrationsmethode direkt die Wirkung der Ereptase und nur indirekt die Wirkung des Pepsins angibt. In jedem Falle ist jedoch die Zunahme des formoltitrierbaren Stickstoffs ein willkürliches Maß der Verdauung aber das exakteste, worüber wir im Augenblick verfügen. In einer früheren Arbeit[1]) haben Euler und ich schon gezeigt, daß unter den dort gewählten Versuchsbedingungen die ganze Menge des in Lösung gegangenen Stickstoffs nahezu formoltitrierbar, d. h. in Form von Aminostickstoff vorhanden, war.

Nach den in den Tabellen angegebenen Zeiten wurden die Kolben kräftig geschüttelt, so daß eine gleichförmige Suspension entstand, darauf 50 ccm entnommen und in ein siedenden-

---

[1]) Euler und Dernby, l. c.

des Wasserbad gesenkt, um die Enzyme zu zerstören, und zuletzt filtriert. Vom Filtrat wurden 25 ccm zur Formoltitration gebraucht. Die Versuchsmethodik bei dieser Formoltitration ist in Kapitel V Abschnitt A ausführlich besprochen.

In den Angaben über die Wasserstoffionenkonzentration habe ich immer das Sörensensche Symbol p_H angewendet. p_H bedeutet, wie bekannt, den dekadischen Logarithmus der Wasserstoffionenkonzentration mit negativem Vorzeichen, so z. B. bedeutet $p_H = 5{,}4$, daß die Konzentration der Wasserstoffionen $10^{-5{,}4}$ ist.

Tabelle I.

50 g Hefe $+$ 5 ccm Chloroform $+$ 40 ccm $^n/_5$-HCl $+ a$ ccm $^n/_5$-NaOH $+$ Wasser $= 500$ ccm.

Trockengewicht der Hefe $= 32{,}2\%$,
Stickstoffgehalt davon . . $= 8{,}38 - 8{,}50\%$.

Pro 100 ccm enthielt also die Flüssigkeit 273 mg Totalstickstoff. $t = 37^\circ$.

Autolysezeit in Stunden	1		2		3		4		5		6	
	$a=70$		$a=50$		$a=40$		$a=30$		$a=15$		$a=0$	
	$\%$ N	p_H	$\%$ N	p_H	$\%$ N	p_H	$\%$ N	p_H	$\%$ N	p_H	$\%$ N	p_H
0	11,5	7,5	11,5	6,9	11,5	6,0	11,5	5,0	11,5	3,9	11,5	3,1
20	14,8	—	14,0	—	21,2	—	17,3	5,0	13,1	—	—	—
48	—	—	15,6	7,0	27,9	6,1	—	—	14,8	3,9	13,1	3,1
96	15,6	7,5	—	—	39,4	—	36,9	5,2	14,8	3,9	—	—
168	—	—	19,7	7,0	57,4	6,5	36,9	—	—	—	13,1	3,
216	15,6	7,5	26,6	7,2	64,8	6,8	39,4	5,2	14,8	3,9	—	—

Die Ergebnisse dieser Versuche bestätigen die alte Tatsache, daß die Hefeautolyse nur in schwach saurer Lösung vor sich geht. Das Optimum der Wasserstoffionenkonzentration liegt etwa bei $p_H = 6$. Schon beim Neutralpunkt ist die Autolyse zum größten Teil und bei schwach alkalischer Reaktion vollständig gehemmt. Auch eine Vermehrung der Wasserstoffionen wirkt hemmend, bei $p_H = 4$ wird schon kein Aminostickstoff mehr gebildet. Als äußerste Grenzen der Autolyse können $p_H = 7$ und $p_H = 4$ angegeben werden.

Die Wasserstoffionenkonzentration in der Flüssigkeit verändert sich während der Verdauung, und zwar wird sie nach der alkalischen Seite hin verschoben. Dies ist ja auch natürlich, denn die äußersten Abbauprodukte des Eiweißes sind wohl

gewöhnlich von stärker basischem Charakter als die Eiweißstoffe selbst.

Den Optimalpunkt der Wasserstoffionenkonzentration für
die Autolyse habe ich in folgendem Versuch genau ermittelt.
Zwischen $p_H = 5$ und $p_H = 8$ ist es ja möglich, Phosphat-
gemische als „Puffer" zu der Flüssigkeit zuzusetzen, um eine
Veränderung der Wasserstoffionenkonzentration während der
Spaltung zu verhindern. Ich habe $^m/_5$-Lösungen von primärem
Kaliumphosphat und sekundärem Natriumphosphat (KH_2PO_4,
und Na_2HPO_4, $2H_2O$ nach Sörensen) dazu angewendet. In
der Tabelle II sind die jeweiligen Mengen unter $p + s$ angegeben. Ich habe das Gebiet $p_H = 5$ bis $p_H = 7$ untersucht,
und elektrometrische Kontrollmessungen ergaben, daß die zugesetzte Phosphatmenge genügte, um die Wasserstoffionenkonzentration auf ein bis zwei Zehntel von p_H konstant zu halten.
Die Analysen wurden wie beim vorigen Versuch, also durch
Formoltitration, ausgeführt.

Tabelle IIa.

10 g plasmolysierte Hefe $+$ 20 ccm $^m/_5$-Phosphate (s ccm sek. $+$
p ccm prim.) $+$ $^n/_5$-HCl $+$ chloroformhaltiges Wasser $= 100$ ccm.

Trockengewicht der Hefe $= 31,5\%$,
Stickstoffgehalt davon . . $= 7,91\%$.

Pro 100 ccm enthielt also die Flüssigkeit 252 mg Totalstickstoff.
$t = 37^0$.

Nr.	1	2	3	4	5
$s + p$:	$10 + 10$	$6 + 14$	$3 + 17$	$1 + 19$	20
ccm $^n/_5$-HCl:	—	—	0,2	0,5	1,0
p_H:[1]	6,8	6,4	6,1	5,6	5,0
	\% gelöster Peptidbindungen				
Autolysezeit in Stunden 0	13,9	13,9	13,9	13,9	13,9
10	24,0	28,2	28,6	23,0	20,4
22	31,5	36,1	38,0	31,5	26,9
36	37,2	41,2	45,0	37,9	31,0
46	39,8	43,6	49,2	42,8	33,3
70	48,2	50,0	59,3	52,8	42,1

In der Figur sind die Versuchsergebnisse graphisch dargestellt.
Als Abszisse ist die Zeit in Stunden, als Ordinate die Mengen neu-

---

[1] Elektrometrisch kontrolliert.

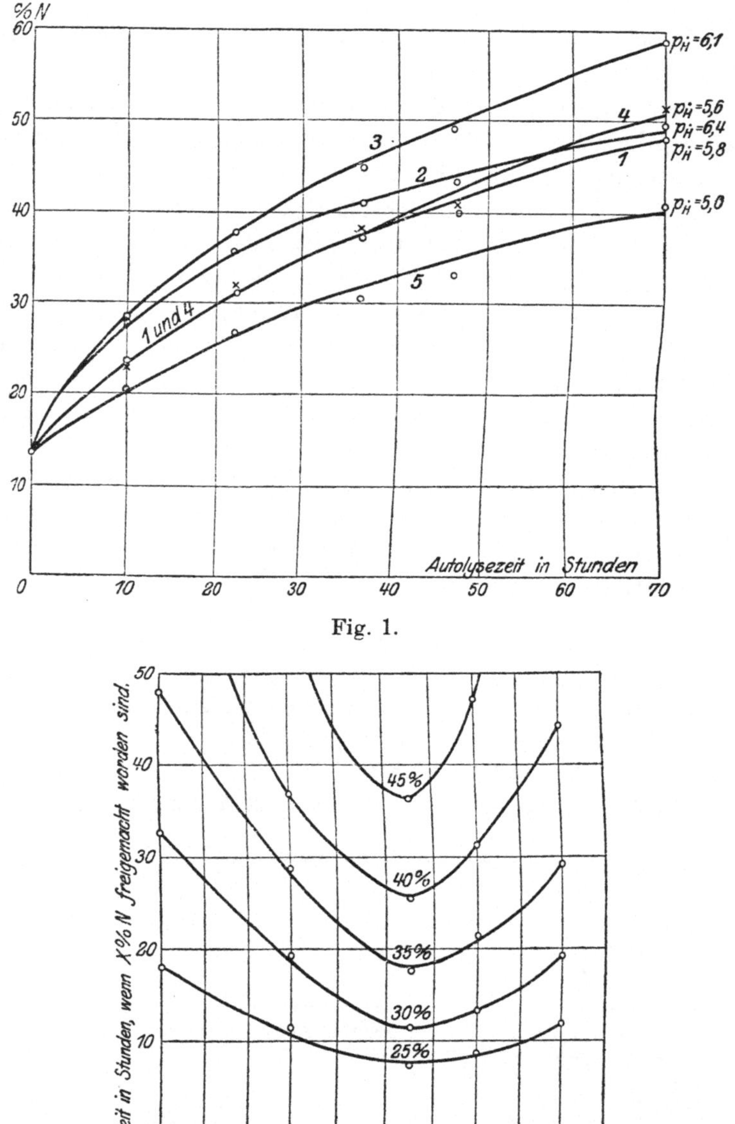

Fig. 1.

Fig. 2.

gebildeten Aminostickstoffs gewählt. Der Optimalpunkt ist in folgender Weise ermittelt: In einem Diagramme (Fig. 2) ist der Logarithmus der Wasserstoffionenkonzentration, also $p_{H\cdot}$, und als Ordinate die Zeit gewählt, die bei den verschiedenen Versuchen erforderlich ist, um je 25, 30, 35, 40 und $45\,^0/_0$ der vorhandenen Peptidbindungen zu spalten. Wir erhalten in dieser Weise parabelähnliche Kurven, von denen das Minimum bei $p_{H^.} = 6$ liegt. Dieses Minimum bedeutet folglich die optimale Wasserstoffionenkonzentration, und diese liegt also bei $p_{H^.} = 6$.

Es ist selbstverständlich, daß eine so komplizierte Reaktion wie der Autolysevorgang nicht durch eine einfache Reaktionsformel ausgedrückt werden kann, und es scheint daher unzweckmäßig zu sein, die Reaktionskinetik zu studieren.

In einer früheren Arbeit[1]) habe ich aber gezeigt, daß der Autolysevorgang dem bekannten Arrheniusschen[2]) Reaktionsgesetze in gewissen Fällen gut folgt.

$$K_A = \frac{a}{t} \ln \frac{a}{a-x} - \frac{x}{t}$$

x bedeutet hier die nach der Zeit t gebildete Menge Aminostickstoff $(^0/_0)$ und K_A eine Konstante.

Noch besser paßt eine empirische Formel.

$$K_D = \frac{1}{\sqrt{t}} \ln \frac{a+x}{a-x}.$$

Die folgende kleine Tabelle ist ein Auszug aus einer Tabelle der oben erwähnten Arbeit.

Autolyse der Hefe bei 37°.

t (Stunden)	x ($^0/_0$ N)	K_A	K_D
0	10	—	—
16	45	9,12	0,105
25	55	9,94	0,109
40	63	9,54	0,110
64	75	9,94	0,106
(88	84	11,36	0,113)

Hier war jedoch keine Rücksicht auf die Veränderungen der Wasserstoffionenkonzentration während der Autolyse genommen worden. Wahrscheinlich war aber $p_{H^.}$ im Anfang gleich etwa 6, und am Ende der Reaktion wird $p_{H^.}$ etwa auf 7 ge-

---

[1]) Dernby, Zeitschr. f. physiol. Chem. 89, 425, 1914.
[2]) Arrhenius, Medd. från K. Vet. Ak. Nobelinst. 1, 9, 1908.

— 22 —

stiegen sein. (Vgl. diese Abhandlung Tabelle I, Versuch 3)· In der Tabelle IIb habe ich die Versuche 2, 3 und 4 der Tabelle IIa in derselben Weise berechnet.

Tabelle IIb (Vgl. Tab. IIa).

Autolyse der Hefe bei 37^0.

t Verdauungszeit in Stunden	2; ($p_{H\cdot} = 6{,}3$)			3; ($p_{H\cdot} = 6{,}1$)			4; ($p_{H\cdot} = 5{,}6$)		
	x ($^0/_0$ N)	K_A	K_D	x ($^0/_0$ N)	K_A	K_D	x ($^0/_0$ N)	K_A	K_D
0	13,9	—	—	13,9	—	—	13,9	—	—
10	28,2	4,93	0,18	(28,6	5,09	0,19)	23,0	3,14	0,15
22	36,1	3,95	0,16	38,0	4,46	0,17	31,5	2,88	0,14
36	41,2	3,31	0,15	45,0	4,11	0,16	37,9	2,71	0,13
46	43,6	2,97	0,14	49,2	4,03	0,16	42,8	2,84	0,14
70	50,0	2,76	0,13	59,3	4,37	0,16	52,8	3,25	0,14

Bei diesen Versuchen war, wie gesagt, die Wasserstoffionenkonzentration während der Reaktion konstant gehalten. Doch passen die beiden Reaktionsgesetze in den Fällen 3 und 4 sehr gut, d. h. wenn die Autolyse in schwach saurer bis neutraler Lösung stattfindet. Im Versuch 2 sinken beide Konstanten sehr schnell.

Es ist wohl nur als eine Zufälligkeit anzusehen, daß der Autolysevorgang in diesem Gebiete der Wasserstoffionenkonzentration ($p_{H\cdot} = - 5$ bis 7) durch diese Reaktionsgesetze ausgedrückt werden kann.

In gewissen Fällen können jedoch diese Formeln gute Dienste leisten, so z. B. wenn man die Autolysegeschwindigkeiten bei derselben Wasserstoffionenkonzentration, aber unter verschiedenen anderen Versuchsbedingungen vergleichen will.

C. Einfluß verschiedener Neutralsalzionen auf die Autolyse.

Man könnte ja den Einwand gegen die Resultate im vorigen Abschnitt richten, daß nicht nur die Wasserstoffionen, sondern auch die Chloridionen und Salzionen überhaupt Einflüsse auf den Autolysevorgang haben. Es sind viele Arbeiten über dieses Thema publiziert, aber, wie schon früher gesagt, st in keinem Falle Rücksicht auf die Veränderungen der Wasserstoffionenkonzentration genommen, und daher kann ich alle diese Angaben ganz übergehen.

Ich habe hier einige Versuche über diese Frage ausgeführt In Erlenmeyerkölbchen wurden wie vorher 10 g abgepreßter Hefe eingewogen, mit 5 ccm Chloroform versetzt und bis zum nächsten Tag sich selbst überlassen, wonach vollständige Plasmolyse und Verflüssigung eingetreten war. Eine passende Menge Salzlösung und so viel Wasser, daß das Volumen 100 ccm betrug, wurden zugesetzt. Die Salzlösungen waren Natriumchlorid, Kaliumbromid, Natriumfluorid, Kaliumsulfat, Natriumnitrat und eine gemischte Phosphatlösung. Eine Kontrollprobe mit Wasser allein wurde auch gemacht. In der Tabelle 3 sind diese Versuche aufgeführt. Unter dem Namen des Salzes ist die Konzentration desselben in der Flüssigkeit angegeben. Auch hier wurde wie bei den vorigen Versuchen die Formoltitration als Analysenmethode benutzt, und die Resultate sind als Prozent freigemachten Aminostickstoffs angegeben.

Tabelle III.

10 g Hefe $+$ 0,2 ccm $^n/_5$-HCl $+$ 10 ccm Salzlösung $+$ Wasser $=$ 100 ccm (vgl. Tabelle II).

p_H im Anfang $=$ 6,5, nach 46 Stunden ca. 7. $t = 37^c$.

Nr.	1	2	3	4	5	6	7
Salz:	Kontrolle	Phosphate[1]	NaCl	KBr	Na_2SO_4	KNO_3	NaF
Konz.:	—	0,1 m	0,2 n	0,2 n	0,2 n	0,2 n	0,1 n
	% gelöster Peptidbindungen						
Nach Stunden 0	13,9	13,9	13,9	13,9	13,9	13,9	13,9
22	33,3	36,1	33,3	35,2	31,5	35,2	33,3
46	48,2	42,6	48,2	48,2	46,3	49,1	48,2

Was zuerst auffallend scheint, ist die „hemmende" Einwirkung des Phosphates. Die Erklärung hiervon ist jedoch sehr einfach. Ich habe eine Phosphatmischung benutzt, deren Wasserstoffionenkonzentration $p_H = 6,4$ betrug, also dieselbe Wasserstoffionenkonzentration, welche die Hefeflüssigkeit im Anfang der Autolyse selbst hatte. Aber während der Autolyse ist im ersten Falle, dank des Phosphats, die Wasserstoffionenkonzentration konstant geblieben, im zweiten Falle (siehe Tabelle I) ist dieselbe während der Reaktion gegen die alkalische

---

[1] 6 ccm sek. $+$ 14 ccm prim. Phosphat. p_H konstant auf 6,5 gehalten.

Seite hin beträchtlich verschoben, und daher können die tryptischen und ereptischen Enzyme in höherem Grade wirken.

Wir sind also nicht berechtigt, zu sagen, daß Phosphationen an und für sich die Autolyse hemmen.

Übrigens kann gesagt werden, daß die hier gebrauchten Neutralsalze bei dieser Konzentration keinen merkbaren Einfluß auf die Autolyse haben.

Scheinbar hat das Nitrat die Autolyse begünstigt, allerdings nur ein wenig. Zu demselben Resultat waren Euler und ich bei einer früheren Arbeit gekommen[1]), wo wir auch fanden, daß Chlorate eine ähnliche Wirkung ausüben. Dies scheint erstaunlich, denn bei Untersuchungen über den Einfluß von Nitrat- und Chlorationen auf die einzelnen Enzyme (siehe Kapitel III, J und IV, H) habe ich gefunden, daß diese Ionen eher einen hemmenden als einen fördernden Einfluß auf die Enzymtätigkeit haben.

Doch vermute ich, daß die Erklärung zu diesen Anomaline sehr einfach ist; durch irgendeine Oxydationswirkung des Nitrats bilden sich anfangs Säuren, wodurch die Wasserstoffionenkonzentration größer wird. Dies begünstigt (siehe Tabelle II) die Autolyse in ihrem ersten Verlauf.

Sulfationen weisen eine kleine hemmende, allerdings sehr geringe Wirkung auf. Möglicherweise könnte diese Tatsache folgendermaßen erklärt werden:

Neuerdings hat W. E. Ringer[2]) eine sehr interessante Arbeit über das Pekelharingsche Pepsin veröffentlicht. Er hat zeigen können, daß nicht nur die Wasserstoffionenkonzentration, sondern auch die Quellungserscheinungen des Substrates für die Pepsinwirkung maßgebend sind. Die Reihe der Salze nach ihrer hemmenden Wirkung auf die Verdauung ist dieselbe wie diejenige der quellunghemmenden Wirkung in saurer Lösung.

$$\text{Sulfat} > \text{Nitrat} > \text{Chlorat} > \text{Chlorid.}$$

Möglicherweise verhält sich die Sache bei der Autolyse ähnlich, denn die ersten Stufen bei diesem Vorgang sind die Auflösung des Hefeneiweißes und dessen Spaltung zu Albumosen und Peptonen. Die hemmende Wirkung der Sulfationen könnte

---

[1]) Euler und Dernby, l. c.
[2]) Ringer, Koll. Zeitschr. **19**, 253, 1916.

also auf diese Weise erklärt werden. (Vgl. auch die Tabellen XIII und XVII.)

Hier ist ja nur die Einwirkung einiger Neutralsalzionen untersucht worden, aber in der folgenden Arbeit habe ich die Neutralsalzwirkungen bei den einzelnen Enzymen eingehend studiert.

Das Ergebnis dieses Versuches ist jedoch von großer Wichtigkeit, denn hierdurch wird unzweideutig gezeigt, daß es in erster Linie die Wasserstoff- bzw. Hydroxylionen sind, die diese hier untersuchten Enzymwirkungen beeinflussen, und daß wir bei den Versuchen in Tabelle I und II im großen und ganzen zu denselben Resultaten gelangen würden, wenn wir anstatt Salzsäure Schwefel-, Phosphor- oder eine andere Säure in mäßigen Konzentrationen gewählt hätten, wenn nur die Wasserstoffionenkonzentrationen stets dieselben gewesen wären.

Die Fig. 3 (aus einer früheren Arbeit[1]) entnommen) zeigt die Einwirkung von Glycerin auf den Autolysevorgang. Die Versuchsanordnungen waren ungefähr dieselben wie die hier beschriebenen. Über den Autolysekurven steht der Prozentgehalt des Glycerins der Flüssigkeit. Später habe ich gefunden, daß eine wahrnehmbare Hemmung in der Autolyse erst bei 10 bis 15 °/₀ Glycerin eintritt.

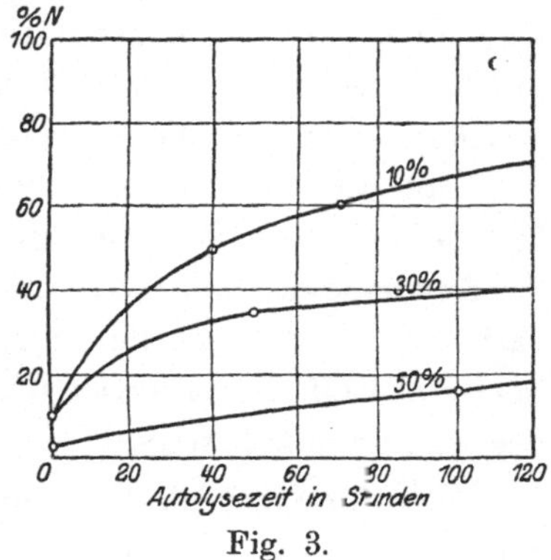

Fig. 3.

mung in der Autolyse erst bei 10 bis 15 $^0/_0$ Glycerin eintritt. Nur sehr große Glycerinkonzentrationen vermögen die Autolyse vollständig zu hemmen.

Die Ergebnisse dieser Versuche stehen in qualitativer Übereinstimmung mit Angaben von Gromow und Grigorieff[2]). Quantitativ unterscheiden sie sich allerdings von denjenigen der genannten Autoren insofern, als dieselben eine größere Hemmung durch Glycerin fanden, was vermutlich darauf beruht, daß sie mit nicht plasmolysierter Hefe arbeiten.

---

[1]) Euler und Dernby, l. c.
[2]) Gromow und Grigorieff, l. c.

Auch fand ich bei Versuchen, die ich wegen ihrer Unvollständigkeit nicht mitteile, daß Äthylalkohol in wäßrigen Konzentrationen gar keinen Einfluß weder auf die Autolyse noch auf die Wirkungen der speziellen Enzyme hat.

D. Die Autolyseprodukte des Hefeneiweißes bei verschiedenen Wasserstoffionenkonzentrationen.

In den vorhergehenden Versuchen habe ich nur die Bildung von Aminostickstoff verfolgt. Als erste Spaltprodukte treten aber Albumosen und Peptone auf und erst danach Aminosäuren, Purinbasen und Ammoniak. Es wäre von großem Interesse, zu wissen, wann und wie diese verschiedenen Abbauprodukte vorkommen. Viele Autoren, ich gebe hier als Beispiele Zaleski und Schataloff, Vandevelde und Cook an, haben ausführliche Arbeiten über diese Frage publiziert. Leider sind ihre Versuche weder miteinander noch mit den meinigen vergleichbar, denn man weiß ja nicht, bei welcher Wasserstoffionenkonzentration die Autolyse ausgeführt worden ist.

Der Versuch in der Tabelle IV ist derselbe wie Nr. 3 in Tabelle I. Aber ich habe hier die Spaltung nicht nur durch den Zuwachs des formoltitrierbaren Stickstoffes verfolgt, sondern nach den in der Tabelle angegebenen Zeiten, sowohl den Gesamtstickstoff, Eiweißstickstoff, als den totalen Aminostickstoff und Ammoniak bestimmt.

Der Totalstickstoff, angenommen, er betrage a mg per 100 ccm, wurde in 10 ccm des Filtrates nach der Kjeldahlschen (und zwar in der von ihm angegebenen) Ausführungsweise bestimmt.

Der Eiweißstickstoff wurde ebenso in 10 ccm des Filtrates nach Schjerning durch Ausfällung mit Stannochlorid bestimmt. Die Versuchsmethodik ist unten in Kapitel III, Abschnitt A näher besprochen. Wir nehmen an, daß als Resultat b mg pro 100 ccm erhalten wurden.

Die Summe von Amino- und Ammoniakstickstoff wurde durch Formoltitration und das Ammoniak allein durch Destillation mit Magnesia bestimmt. Sei dieses d mg und die Summe c, so beträgt der Gehalt von Amino(säure)stickstoff $c - d = e$ mg pro 100 ccm.

Der „Peptid"stickstoff, umfassend den Stickstoff der Albumosen, Peptone und Polypeptide, ist berechnet als Differenz $a - (b + d + e)$.

Tabelle IV.

Die Verteilung des Stickstoffes auf die Abbauprodukte bei einer Autolyse. Dieser Versuch ist eine Vervollständigung des Beispiels 3 in Tabelle I.

50 g Hefe + 40 ccm $n/_5$-NaCl-Lösung + 5 ccm Chloroform + Wasser = 500 ccm. $t = 37^0$.

Zeit in Stunden	Stickstoff					p_H
	Total-N im Filtrat %	Eiweiß-N %	Peptid-N %	Amino-N %	Ammoniak-N %	
0	35,3	13,9	9,9	11,5	0	6,0
20	48,6	10,9	16,5	17,8	3,4	—
48	58,3	10,2	20,2	22,4	4,5	6,1
96	69,5	12,4	17,7	34,2	5,2	—
168	84,6	16,3	10,9	44,0	13,4	6,5
216	89,5	18,7	6,0	51,1	13,7	6,8

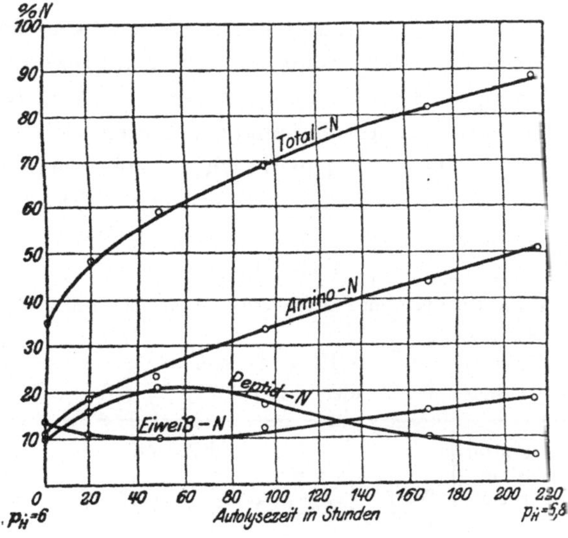

Fig. 4.

Die Tabelle IV zeigt, daß die Auflösung des Zelleneiweißes ziemlich kontinuierlich mit der Zeit vor sich geht. Das Eiweiß wird dann allmählich gespalten; auffallend ist es jedoch, daß die Menge fällbaren Eiweißes zuerst abnimmt, dann gegen

Ende der Reaktion zuzunehmen scheint. Ebenso auffallend ist, daß der Gehalt von Peptonen bis zu einem Maximum steigt, und dann rasch abnimmt. Im ersten Augenblick erscheinen diese Verhältnisse fast unmöglich gedeutet zu werden, aber wir werden weiter unten sehen, daß sie in sehr einfacher Weise erklärt werden können.

Der Gehalt an Aminostickstoff steigt mit der Zeit, und zwar schneller gegen Ende der Reaktion an. Nach den alten Vorstellungen würde man wohl hier von einer „Autokatalyse" sprechen. Endlich wird eine beträchtliche Menge des Totalstickstoffs in Ammoniak umgewandelt. Auch diese Reaktion verläuft am schnellsten gegen Ende der Reaktion. Dies ist wohl der Wirkung der in der Einleitung besprochenen Desamidasen zuzuschreiben.

Die hier gewählte Autolyse kann als typisch angesehen werden. Nur etwas Neutralsalz ist zugesetzt, das keinen Einfluß ausübt, übrigens ist es nur die natürliche Acidität des Hefegemisches, die zum Ausdruck kommt.

Die Wasserstoffionenkonzentration ist nicht konstant gehalten, diese hat sich während der Reaktion stark vermindert, von $p_H = 6$ bis $p_H = 6,8$. Wir werden unten sehen, daß diese Veränderung der Wasserstoffionenkonzentration uns den Schlüssel dazu gibt, um die eigentümlichen Veränderungen in den Eiweiß-, Pepton- und Aminostickstoffmengen während der Autolyse zu erklären.

Tabelle V.

Die Abbauprodukte der Autolyse bei verschiedenen Wasserstoffionenkonzentrationen.

500 g Hefe + HCl + NaOH + Wasser = 500 ccm (vgl. Tabelle I). Autolysedauer 216 Stunden. $t = 37^0$.

Nr. (vgl. Tab. I)	Wasserstoff-ionenkon-zentration bei der Autolyse	Stickstoff				
		Total-N im Filtrat $^0/_0$	Eiweiß-N $^0/_0$	Peptid-N $^0/_0$	Amino-N $^0/_0$	Ammoniak-N $^0/_0$
2	6,9—7,2	50,7	19,6	4,5	22,4	4,2
3	6,0—6,8	89,5	18,7	6,0	51,1	13,7
5	3,9—3,9	48,7	1,9	32,0	14,1	0,7

In Tabelle V habe ich einige Resultate über die Verteilung des Stickstoffes auf die verschiedenen Abbauprodukte des Hefeneiweißes, wenn die 216stündige Autolyse bei verschiedenen Wasserstoffionenkonzentrationen vor sich gegangen ist, zusammengestellt. Wenn wir die Versuche 2 und 5, wo die Wasserstoffionenkonzentration während der Autolyse resp. $p_H = 6,9$ bis 7,2 und $p_H = 3,9$ betrug, betrachten, so ist die Menge Eiweiß, die in Lösung gegangen ist, etwa dieselbe. Im ersten Falle, in der alkalischen Lösung, ist nur ein Teil dieses Eiweißes gespalten, dieses ist nahezu vollständig zu Aminosäuren abgebaut; die Menge der Peptone ist sehr gering. Im zweiten Falle aber, wo die Autolyse in saurer Lösung vor sich ging, ist die ganze Menge Eiweiß in Peptone gespalten und nur ein kleiner Teil ist weiter zu Aminosäuren abgebaut. Außerdem hat nahezu keine Ammoniakbildung stattgefunden.

Diese Tabelle zeigt uns klar, daß die Formoltitration allein keine erschöpfende Erklärung über den Fortschritt der Autolyse geben kann. Und weiter wird ersichtlich, daß in Übereinstimmung mit der Anschauung von Vines bei der Autolyse der Hefe mindestens zwei Enzyme (oder zwei Gruppen von Enzymen) teilnehmen müssen.

Einerseits wirkt in saurer Lösung ein pepsinähnliches Enzym, das die Eiweißstoffe in Peptone zerlegt, anderseits wirken in alkalischer Lösung, trypsin- oder erepsinähnliche, die nicht Eiweißstoffe, sondern Peptone zu Aminosäuren abzubauen vermögen. Beim Versuch Nr. 3 (Tabelle IV), wo die Autolyse am schnellsten verlaufen ist, sind wahrscheinlich die beiden Gruppen von Enzymen gleich stark wirksam gewesen.

Um diese Vermutung zu bestätigen, untersuchte ich, ob die bei der Autolyse in saurer Lösung gebildeten Peptone in alkalischer Lösung weiter verdaut werden können. In der Tat zeigte sich, daß, wenn ich das Filtrat im Versuch 5 (Tabelle IV) alkalisch machte und bei 37^0 aufbewahrte, eine Vermehrung des formoltitrierbaren Stickstoffs eintrat. Aber diese war sehr gering, das erepsinähnliche Enzym schien in der sauren Lösung zum größten Teil zerstört worden zu sein.

Dann führte ich den Versuch in folgender Weise aus: Das Filtrat wurde dialysiert (siehe Kap. III A), um von Aminosäuren und Salzen befreit zu werden. Zu 50 ccm dieser Lösung (0,85 mg N pr. ccm enthaltend) wurden 3,4 ccm $^n/_5$-Natronlauge und 5 ccm dialysierter Hefepreßsaft, welcher Hefenereptase enthielt (über die Herstellung desselben siehe Kap. III B) zugesetzt, und das Ganze auf 100 ccm verdünnt. Die Wasserstoffionenkonzentration der Flüssigkeit entsprach p_H. $= 7,6$. Die Verdauung wurde bei 37^0, mit Chloroform als Antisepticum, vorgenommen.

Tabelle VI.

Die Spaltung von Hefe-Peptonen durch Hefenereptase; 50 ccm Peptonlösung (0,85 mg N pro ccm enthaltend) $+ 3,4$ ccm $^n/_5$-NaOH $+ 5$ ccm Enzymlösung $+$ Wasser $= 100$ ccm.

p_H. im Anfang $= 7,6$. $t = 37^0$.

Verdauungszeit in Stunden	$^0/_0$ freigemachter Amino-stickstoff
0	0
4	17,6
18	66,0
38	88,0
60	97,0

Wie die Tabelle zeigt, werden die Peptone ziemlich rasch und zwar vollständig von der Ereptase zerlegt. Dieser Versuch bestätigt also gut die obige Vermutung über das verschiedene Verhalten der proteolytischen Enzyme der Hefe.

Bei diesem Versuche machte ich die Beobachtung, daß durch Zufügen von Alkali die anfangs klare Flüssigkeit sich trübte und kleine Flocken auszufallen schienen. Dieser Versuch ist auch demjenigen analog, den N. Iwanoff und später Kostytschew und Brilliant ausführten, und von denen diese Autoren behaupten, eine enzymatische Eiweißsynthese ausgeführt zu haben. Sie haben nämlich nach der Autolyse den Hefepreßsaft durch Alkali neutralisiert und dann nach einiger Zeit gefunden, daß die fällbare Eiweißmenge sich vergrößert hat. Dies ist jedoch keineswegs ein direkter Beweis, daß eine Synthese stattgefunden hat, vielmehr glaube ich, daß es sich hier, wie Bayliß[1]) für die Paranucleinsynthese von T. B. Robertson gezeigt, nur um eine Ausfällung der Kolloide in der Lösung handelt. Denn durch die Veränderung der Wasserstoffionenkonzentration in der Flüssigkeit durch Zufügen von Alkali können die kolloidalen amphoteren Elektrolyte ihren

---

[1]) Bayliß: Journ. of Physiol. **46**, 236, 1913.

isoelektrischen Punkt erreichen, wo nach Michaelis[1]) manchmal eine Ausfällung stattfindet.

So viel ist jedoch sicher, daß man in der Beurteilung solcher Resultate sehr vorsichtig sein muß und nicht ohne weiteres Schlüsse über Eiweißsynthesen ziehen darf.

E. Die proteolytischen Enzyme der Hefe und ihre Beziehung zu der Autolyse.

Hier erhebt sich die wichtige Frage: Welche proteolytischen Enzyme sind in der Hefe vorhanden, und welche Rollen spielen sie bei der Autolyse?

Was zuerst die Desamidasen betrifft, so haben sowohl frühere wie meine Versuche ergeben (vgl. Tabelle IV und V und Kapitel VI), daß sie nur eine sehr untergeordnete Rolle spielen.

In den folgenden Kapiteln dieser Arbeit, auf die ich hier hinweise, habe ich die Wirkungen der verschiedenen Enzyme im Hefepreßsaft zu isolieren versucht. Dabei bin ich zu dem Resultat gekommen, daß es gelingt, sowohl nach der Vines-schen Annahme ein Pepsin und eine Ereptase wie auch eine Hahnsche Tryptase in dem Hefepreßsaft nachzuweisen.

Die Enzyme, die ich gefunden habe, können mit folgenden Worten charakterisiert werden:

Das Hefepepsin spaltet genuine Eiweißstoffe zu Peptonen, aber nicht weiter, und die optimale Wasserstoffionenkonzentration für diese Reaktion liegt bei $p_H = 4{,}5$.

Die Hefetryptase vermag weder Eieralbumin noch das Hefeneiweiß zu spalten, verdaut aber glatt Gelatine, Casein und Wittepepton. Das Enzym vermag jedoch nicht, diese Stoffe vollständig zu Aminosäuren abzubauen. Das Optimum der Wasserstoffionenkonzentration liegt bei $p_H = 7{,}0$.

Die Hefenereptase endlich ist dem Erepsin des Darmsaftes sehr ähnlich und spaltet rasch einfache Peptide zu Aminosäuren. Die optimale Wasserstoffionenkonzentration liegt bei $p_H = 7{,}8$.

In den kleinen Hefezellen sind also Enzyme von ganz demselben Charakter wie in dem so außerordentlich mehr

---

[1]) Michaelis und Mitarbeiter: Biochem. Zeitschr. **39**, 496; **41**, 373; **47**, 260, 1912 u. a. a. O.

differenzierten tierischen Organismus vorhanden. Der sukzessive Eiweißabbau durch verschiedene Enzyme geschicht also in ganz analoger Weise wie im tierischen Organismus.

Um die Beziehung zwischen diesen Enzymen und der Autolyse zu veranschaulichen, bediene ich mich einer graphischen Darstellungsweise. In einem Diagramme (Fig. 5) wird die Wasserstoffionenkonzentration (größerer Übersichtlichkeit wegen des Logarithmus derselben, also $p_H \cdot$), als Abszisse und die Zeit, in welcher das Enzym 10, 25 oder $50^0/_0$ des Substrates, bei verschiedenen Wasserstoffionenkonzentrationen zerlegt, aufgetragen. Wir erhalten dann Kettenkurven, deren Minimum der optimalen Wasserstoffionenkonzentration des betreffenden Enzyms entspricht (vgl. Fig. 7, 15 und 18).

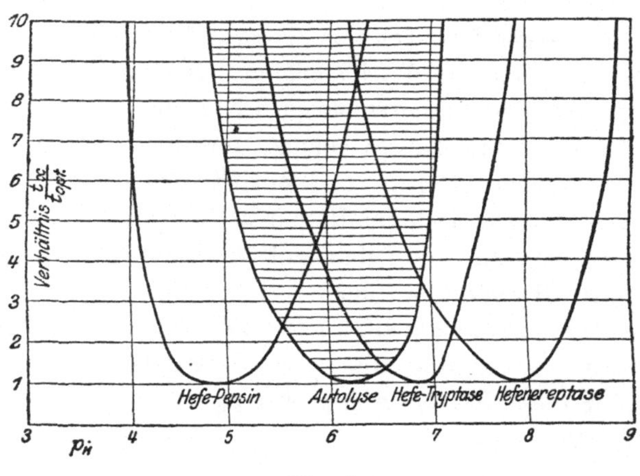

Fig. 5.

Um die Wirkungsweise dieser drei Enzyme miteinander vergleichen zu können, habe ich in Fig. 5 als Ordinaten die relativen Zeiten benutzt, wenn dieselbe Menge des Substrates gespalten wird. Spaltet z. B. ein Enzym $25^0/_0$ des Substrates bei optimaler Wasserstoffionenkonzentration nach t_1 Stunden, bei einer anderen nach t_2 ($t_2 > t_1$), so ist das Verhältnis $\dfrac{t_2}{t_1}$ als Ordinate gewählt. Man kann ja diese Kurven als Effektivitätskurven bezeichnen, und in dieser Darstellungsweise sind sie ohne weiteres vergleichbar.

In Fig. 5 habe ich ebenso die entsprechende Kurve für

die Autolyse (Fig. 2) angegeben. Die gestrichelte Partie ist also das Bereich der Autolyse (wenn die Menge gelöster Peptidbindungen als ein Maß derselben genommen wird) in bezug auf die Wasserstoffionenkonzentration. Der Optimalpunkt des Hefepepsins liegt bei $p_{H^{.}} = 4{,}5$, der der Tryptase bei $p_{H^{.}} = 7{,}0$ und der der Ereptase bei $p_{H^{.}} = 7{,}8$. Das Optimum der Autolyse liegt dagegen bei $p_{H^{.}} = 6{,}0$, also zwischen denen des Hefepepsins und der Hefetryptase.

Die Ergebnisse in Fig. 5 habe ich in folgender Weise gedeutet:

Die Autolyse der Hefe ist ein Verdauungsprozeß, der von den Enzymen Hefepepsin, Tryptase und Ereptase bewirkt wird, und kann nur bei solchen Wasserstoffionenkonzentrationen vor sich gehen, wenn diese Enzyme gleichzeitig wirken können.

Die Hefepepsinkurve ist aus Fig. 7 ($15^0/_0$), die Tryptasekurve aus Fig. 15 ($10^0/_0$) und die Ereptasekurve aus Fig. 18 ($50^0/_0$) entnommen. Diese Kurven sind vollständig beliebig gewählt; es handelt sich hier nicht um eine exakte Berechnung, sondern nur um eine Veranschaulichung des Autolysevorgangs.

Die Fig. 5 ergibt ferner, daß auch eine kleine Veränderung in der Wasserstoffionenkonzentration eine große Veränderung in der Autolysegeschwindigkeit verursachen muß, denn dadurch wird der wirksame Teil irgendeines der Enzyme vermehrt, der andere dagegen vermindert.

Auch die schon lange bekannte Tatsache, daß die Autolyse im Vergleich mit den Reaktionen der isolierten Enzyme so verhältnismäßig langsam verläuft, wird hieraus erklärlich. Es ist nicht gelungen, eine vollständige Autolyse auch im optimalsten Falle zu beobachten, die in weniger als 7 bis 10 Tagen verläuft. Bei der Autolyse ist auch beim Optimalpunkte nur ein Teil von jedem Enzym dissoziiert, d. h. wirksam. Arbeiten mit dem isolierten Enzyme werden in der Regel bei optimaler Wasserstoffionenkonzentration vorgenommen. Daher scheint es mir als a priori ausgeschlossen, daß man durch irgendwelche „Aktivatoren" die Autolyse steigern könne.

Die Resultate der Tabelle I sind auch aus dieser Figur ohne weiteres zu verstehen. Bei einer Wasserstoffionenkonzentration, wo $p_H. = 3,9$, ist ja die Ereptase nahezu ganz unwirksam, und die Autolyse besteht hier in einer Spaltung der Proteine zu Peptonen. Beim Neutralpunkt ist andererseits das Pepsin inaktiv, hier bleiben daher auch die gelösten Eiweißstoffe intakt, die Autolyse besteht hier hauptsächlichst in einer Spaltung der bereits vorhandenen Peptone (bei dem 12 stündigen Stehen der Hefe mit Chloroform tritt vor der eigentlichen Autolyse eine teilweise Verdauung ein).

Auch die eigentümlichen Veränderungen des Gehalts an fällbarem Eiweiß und Peptonen im Filtrat des Autolyseversuchs (Tabelle VI) bieten jetzt keine Schwierigkeit für eine Erklärung wenn wir nur immer bedenken, daß die Wasserstoffionenkonzentration während der Reaktion sich von $p_H. = 6$ bis $p_H. = 6,8$ verändert hat. Wie aus der Figur zu ersehen ist, nimmt die Eiweißmenge zuerst mit der Zeit ab, erreicht ein Minimum und steigt dann wieder. In ganz entgegengesetzter Weise verhält sich die Peptonmenge, sie sinkt zuerst, durchläuft ein Minimum und sinkt gegen Ende der Reaktion.

Bei $p_H. = 6$ ist das Hefepepsin aktiv, das allmählich gelöste Eiweiß wird also gespalten, aber während der Reaktion wird die Flüssigkeit alkalischer, dieses Enzym wird inaktiv und die jetzt gelösten Eiweißstoffe werden dann nicht mehr zerlegt. Gleichzeitig aber wird mehr und mehr von der Tryptase und Ereptase wirksam, die anfangs gebildeten Peptone werden dadurch schneller und am Ende der Reaktion größtenteils gespalten. Die Menge Aminostickstoff muß daher sehr mit der Zeit zunehmen, und es bedarf keiner Theorie über „Autokatalyse" oder „Aktivierung von Proenzymen", um diese Tatsachen zu erklären.

Durch die Einführung der Arrheniusschen Dissoziationstheorie auf das Gebiet der Enzyme, wie es Sörensen und Michaelis getan haben, sind viele dunkle Gebiete in der Biochemie erhellt worden. Freilich müssen wir dabei einige frühere Begriffe, wie „Proenzyme", „Zymogene", „Aktivatoren" u. dgl. mit größerer Vorsicht als vorher brauchen. Die Autolyse der Hefe läßt sich ohne Einführung von diesen Begriffen, aber mit Hilfe der Sörensen-Michaelisschen Anschauungsweise sehr leicht erklären.

III.

Das Hefepepsin.

Aus dem vorigem Kapitel geht unwiderleglich hervor, daß bei der Autolyse der Hefe ein pepsinähnliches Enzym vorhanden ist, welches die genuinen Eiweißstoffe der Hefe in Peptone zerlegt, und dieser Vorgang scheint nur bei saurer Reaktion vor sich zu gehen. Unten habe ich die Wirkungen dieses Enzyms auf einige andere Substrate, Eieralbumin und Thymolgelatine, geprüft und die optimale Wasserstoffionenkonzentration für diese Spaltungen bestimmt. Ebenso sind der Temperatureinfluß und die Einwirkung verschiedener Neutralsalzionen auf die Tätigkeit dieses Enzyms studiert worden.

A. Herstellung des Enzympräparats.

Als Enzympräparat habe ich immer, sowohl beim Arbeiten mit dem Hefepepsin als mit den anderen proteolytischen Enzymen der Hefe, neutralen, dialysierten Hefepreß- oder richtiger Macerationssaft benutzt.

Im wesentlichen habe ich die Koelkersche[1] Methode befolgt: 500 g wohlausgewaschene und abgepreßte Brauereihefe wurden in einer Porzellanschale mit 30 g Calciumcarbonat und 30 ccm Chloroform zerrieben, und der sogleich verflüssigte Brei wurde dann während drei Tagen bei Zimmertemperatur sich selbst überlassen und autolysiert. Der Brei wurde in einem Siebtuch gepreßt und der trübe Preßsaft wiederholt durch Faltenfilter filtriert. Der Vorschrift nach sollte der Preßsaft danach zwei Tage bei 38° stehen, aber es erwies sich, daß so behandelte Präparate viel schwächer waren als diejenigen, welche nicht so behandelt wurden. In einer neuerdings erschienenen Arbeit hat Abderhalden[2] eine sehr interessante Beobachtung gemacht, nämlich daß aus Trockenhefe hergestellter Mazerationssaft in bezug auf peptolytische Fähigkeit viel aktiver nach Stehen einiger Tage als sogleich nach dem Herstellen ist. Erst nach längerem Stehen nimmt die proteolytische Fähigkeit wieder ab.

---

[1] Koelker, Zeitschr. für physiol. Chem. **67**, 297, 1910.
[2] Abderhalden und Fodor, Fermentforschung **1**, 533, 1916.

Die hellgelbe, klare, aber sehr eiweißreiche Flüssigkeit wurde dann in einen Sörensenschen Dialysator gebracht und während vier bis sechs Tagen unter vermindertem Druck dialysiert.

Um die Art und Weise des Verfahrens zu verdeutlichen, habe ich eine kleine Skizze über die Versuchsanordnungen beigefügt.

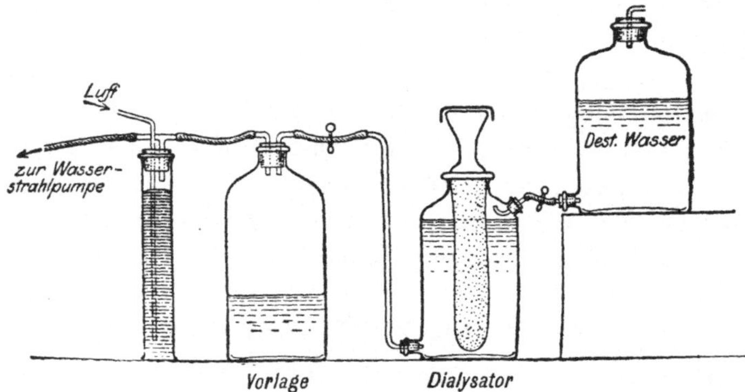

Der Dialyseapparat wurde in einen Eisschrank eingestellt und zur Vermeidung von Bakterienwirkung der Flüssigkeit Toluol zugesetzt. Allmählich schieden sich Eiweißstoffe aus der an Kolloiden immer konzentrierteren Flüssigkeit aus. Diese wurden abfiltriert, wonach eine klare, hellgelbe Flüssigkeit zurückblieb, die alles Enzym zu enthalten schien, denn das Dialysat wies keine oder sehr geringe proteolytische Tätigkeit auf[1]).

Selbstverständlich ist dies von der Durchlässigkeit der Membranen abhängig, aber bei der Benutzung von Kollodiummembranen, wie in diesem Falle, ist es möglich, der Membran die gewünschte Permeabilität zu geben. Ich weise noch einmal auf die in kurzem erscheinende Arbeit Sörensens hin.

Das Enzympräparat wurde im Eisschrank aufbewahrt.

Die verschiedenen Enzympräparate schienen von ungefähr derselben Zusammensetzung zu sein. Als Beispiele gebe ich folgende zwei Beobachtungen an und nenne die Präparate kurz a und b.

Das Präparat a (aus Hefe von der Carlsberger Brauerei zu Kopenhagen) war bei 38° behandelt (siehe oben) und zeigte eine ziemlich schwache Wirkung. Pro ccm enthielt es 0,9 mg

---

[1]) Diese Dialysemethoden sind noch nicht veröffentlicht, werden aber demnächst in dieser Zeitschrift erscheinen.

Totalstickstoff. 20 Tage nach der Dialyse war die Spaltungsfähigkeit (von Glycylglycin) nur die Hälfte der ursprünglichen.

Das Präparat b (aus Hefe von der hiesigen St. Eriks-
Brauerei) war nicht bei 38^0 behandelt und war viel stärker
als das erstere. Pro ccm enthielt es 0,8 mg Totalstickstoff und
wie das vorige nur Spuren von Aminostickstoff. Nach 40 Tagen
betrug die Spaltungsfähigkeit nur ein Fünftel der ursprünglichen,
und es hatten sich 0,4 mg Aminostickstoff pro ccm gebildet.

Dies bedeutet ja nur, daß das vorhandene Eiweiß von den
Hefenenzymen allmählich, wenn auch sehr langsam, abgebaut
wird. Ich habe Versuche gemacht, um dieses überschüssige
Eiweiß von dem Preßsaft abzuscheiden. Durch Zusatz von
schwachen Säuren, Essigsäure oder Kaliummonophosphat, fielen
freilich große Eiweißmengen aus, aber der Säurezusatz hatte
stets eine sehr nachteilige Wirkung auf sämtliche proteolytischen Enzyme der Hefe, sei es durch Ausfällung oder durch
irgendeine Art von Zerstörung. Sowohl der abfiltrierte Niederschlag wie das klare Filtrat zeigten nur beträchtlich schwächere
proteolytische Wirkungen als die ursprüngliche Flüssigkeit.

Ich habe auch viele andere Fällungsmethoden geprüft,
Äther-Alkohol, Aceton usw., aber das proteolytische Vermögen
der so gewonnenen Präparate war stets geringer als das entsprechende der ursprünglichen Lösung.

Daher sehe ich es als das zweckmäßigste an, immer mit
diesem dialysierten Enzympräparate zu arbeiten, besonders weil
man ja nicht die chemische Zusammensetzung der Enzyme
kennt und daher doch nicht zu einer rationellen Reindarstellung
gelangen kann.

Das Eigentümliche mit dem auf diese Weise hergestellten
Preßsaft war, daß die drei Enzyme oder Enzymgruppen: Pepsin, Tryptase und Ereptase alle zugleich reichlich vorhanden
waren. Die Autolyse geht ja durch den Zusatz von Calcium-
carbonat bei schwach alkalischer Reaktion vor sich, und es ist
verständlich, daß dies für die beiden letzteren Enzyme gün-
stig sein kann, deren optimale Wasserstoffionenkonzentrationen
bei neutraler und schwacher alkalischer Reaktion liegen. Es
wäre zu erwarten, daß das Hefepepsin, dessen optimale Konzentration der Wasserstoffionen bei $p_H \cdot = 4,5$ liegt, in alkalischer Lösung geschädigt werden könnte. Dies scheint aber

nicht der Fall zu sein. Bei Versuchen, wo anstatt Calcium-carbonat Phosphatgemische dem Hefebrei zugesetzt werden, so daß die Wasserstoffionenkonzentration bei der Autolyse $p_H = 5$ bis 6 (also schwach saure Reaktion) war, war der Gehalt nicht nur an Tryptase und Ereptase, sondern auch an Pepsin viel geringer als beim Zusatz von Calciumcarbonat.

Es scheint also, als ob sämtliche proteolytischen Enzyme der Hefe in saurer Lösung zerstört werden. In allen Fällen schien jedoch das Pepsin im Hefepreßsaft viel spärlicher als die anderen Enzyme vorzukommen.

Die Zerstörungstemperatur aller dieser Enzyme scheint in neutraler Lösung so etwa bei 60^0 zu liegen. In alkalischer oder saurer tritt die Zerstörung viel schneller ein. Durch Erhitzen ist es also nicht möglich, diese Enzyme voneinander zu trennen.

Wie vorher ausgeführt, meinte Vines, daß das Pepsin in Kochsalzlösungen, die Ereptase dagegen in reinem Wasser löslicher sei. Ich habe seine Versuche wiederholt und bin zu dem Schluß gekommen, daß seine Beobachtung dadurch erklärlich ist, daß die Hefezellen viel leichter durch Kochsalzlösung plasmolysiert werden, denn er arbeitete immer mit nicht plasmolysierter Hefe. Aber mit der Löslichkeit oder Wirkungsfähigkeit des einen oder anderen Enzyms scheinen mäßige Salzkonzentrationen nichts zu tun zu haben. Dies werde ich weiter unten besprechen.

Es wäre ein sehr wünschenswertes Ziel, diese Enzyme in irgendeiner Weise voneinander trennen und sogar die Enzyme selbst rein darstellen zu können. Ob es möglich ist, läßt sich jetzt nicht beantworten. Ich weise nur darauf hin, daß bei den verschiedenen Fällungsmethoden immer sehr große Mengen der Enzyme verloren gehen. Ich habe nur die Wirkungen, nicht das Wesen dieser Enzyme studiert. Die Isolierung und Reindarstellung der Enzyme ist ein Problem, das noch seiner Lösung harrt.

B. Versuchsmethodik.

Um das Hefepepsin nachzuweisen, habe ich zwei verschiedene Methoden benutzt, teils die Spaltung von Acidalbumin in Peptone und nachheriger Bestimmung des zurückge-

bliebenen Eiweißstickstoffes, teils die Verflüssigung von Thymolgelatine.

Die erste Methode ist von Sörensen[1]) ausgearbeitet und
von ihm bei Bestimmungen des Einflusses der Wasserstoffionen
auf die Tätigkeit des Pepsins aus dem Magen benutzt. Ich bin
seinem Verfahren im großen und ganzen gefolgt. In wenigen
Worten war die Versuchsmethodik die folgende:

300 g rohes Hühnereiweiß wurden mit 573 ccm Wasser und 27 ccm
$n/_{10}$-Salzsäure versetzt. Diese ca. 4 %ige Lösung wurde filtriert und dann
in folgender Weise zu Acidalbumin umgewandelt. 1600 ccm dieser Lösung wurden mit 2640 ccm Wasser und 800 ccm $n/_1$-Salzsäure zusammen-
gegossen und die Mischung 22 Stunden hindurch auf 37° gehalten; dann
wurden 30 ccm 5 n-Salzsäure zugegeben und 4 Stunden später noch
50 ccm 5 n-Salzsäure, wonach die Mischung nach 23 Stunden der Temperatur von 37° ausgesetzt wurde. Die so erhaltene Acidalbuminlösung
war opalescierend und von etwas gelatinöser Konsistenz, enthielt keinen
eigentlichen Niederschlag und ließ sich leicht genau abpipettieren.

Für jeden Versuch, wie aus der Tabelle hervorgeht, wurden 25 ccm
dieser Acidalbuminlösung mit einer passenden Menge Natriumhydroxyd-
lösung, so daß die Wasserstoffionenkonzentration der Flüssigkeit die gewünschte wurde, 10 ccm von den im vorigen Abschnitt beschriebenen dialysierten Hefepreßsaft und so viel Wasser, daß das Gesamtvolumen
100 ccm betrug, angewendet. Als Antisepticum wurde Chloroform benutzt.
Die Versuchsflüssigkeiten hatten mithin alle dieselbe Chloridionenkon-
zentration (eine einfache Rechnung ergibt, daß sie etwa 0,07 n beträgt),
wogegen, wie in der Tabelle 7 zu sehen ist, die Menge des Natriumhydroxyds und damit die Wasserstoffionenkonzentration in den verschiedenen Versuchsflüssigkeiten verschieden war.

Die Versuchsflüssigkeiten wurden in mit Bleigewichten versehenen
Erlenmeyerkölbchen von 100 ccm gegossen, welche in einem mit Toluol-
regulator versehenen Wasserthermostaten von 37° Temperatur gesenkt
wurden. Ich habe die Flüssigkeiten nicht vor dem Eingießen des
Enzyms erwärmt, die Enzymmenge war so gewählt, daß die Reaktion
so langsam vor sich ging, daß ein Fehler von einigen Minuten in der
Versuchszeit keine Rolle spielte. Zu bestimmten Zeiten und nach unmittelbar vorhergehendem Umschütteln wurden Proben von je 15 ccm
entnommen, welche in 100 ccm-Meßkolben, die in Eiswasser standen,
eingegossen wurden. So viel Natronlauge, daß sämtliche Proben auf
Lackmuspapier neutral reagierten, wurden zugesetzt, und danach wurden sie mit 5 ccm 10 %iger Calciumchloridlösung und 10 ccm nach
H. Schjerning[2]) dargestellter Stannochloridlösung unter gutem Umschütteln gefällt. Die Meßkolben wurden mit Wasser bis auf die Marke

[1]) Sörensen, Enzymstudien II, 1. c. 290 ff.
[2]) H. Schjerning, Zeitschr. f. analyt. Chemie 37, 416, 1898.

nachgefüllt und bis zum nächsten Tag hingestellt. Jetzt wurde filtriert und in 25 ccm des Filtrates der Stickstoff nach Kjeldahl bestimmt.

Jetzt enthielt das Enzympräparat eine gewisse Menge durch Stannochlorid fällbaren Stickstoffs. Diese ist jedoch im Verhältnis zu dem des Acidalbumins klein und ist im Resultat einberechnet. In der Tabelle ist das Resultat als „%gespaltenes Acidalbumin" angegeben. Angenommen, es sei also im Anfang des Versuchs die totale fällbare Stickstoffmenge a mg, und die Zunahme des löslichen Stickstoffs b mg, so ist das in der Tabelle gegebene Resultat als $\dfrac{100b}{a}$ berechnet.

Die zweite Methode zur Verfolgung der peptischen Verdauung, deren ich mich bedient habe, ist die Verflüssigung von Thymolgelatine, und zwar in der Ausführungsweise von Palitzsch und Walbum[1]). Betreffs der Versuchsmethode verweise ich auf deren Arbeit, und ich will nur mit einigen Worten das Hauptsächliste referieren:

Die Gelatinelösung wurde folgendermaßen dargestellt: 700 g englischer Gelatine wurden in 1250 g lauwarmem Wasser gelöst. Die zähe Flüssigkeit wurde durch ein Sieb gegossen und ca. 2 g in Wasser emulsioniertes Thymol zugesetzt. Schließlich wurde die Lösung mit warmem Wasser bis zu 2000 ccm aufgefüllt und im Eisschrank aufbewahrt.

Diese Stammlösung enthielt in 1 g 49 mg Stickstoff.

Kurz vor Anwendung der Gelatine wurden 200 g der Stammlösung abgewogen und bis zu 1 Liter mit Wasser verdünnt. In einigen Fällen (Tabelle XIV, Tabelle XVII) war das Wasser mit „Puffern", d. h. Phosphatmischungen versetzt, um konstante Wasserstoffionenkonzentration zu haben. Dies wird näher bei den Tabellen besprochen.

Zu jedem Versuch wurden, wo nicht anders angegeben ist, 40 ccm Gelatinelösung genommen und mit Enzymlösung, Salzsäure bzw. Natronlauge und so viel Wasser versetzt, daß das Volumen der Versuchsflüssigkeit 50 ccm betrug. Die Versuchsflüssigkeiten wurden in mit Baumwolle verschlossenen Erlenmeyerkölbchen gegossen, die wie bei den anderen Versuchen in einem Wasserthermostat von 37^0 standen. Bei diesen Versuchen wurde das Übrige durch Stehen in dem Thermostat auf 37^0 erwärmt, ehe die Enzymlösung zugefügt wurde.

Nach Verlauf der in den Tabellen angeführten Zeiten wurde jeder Mischung eine Probe von 5 ccm entnommen und in dünnwandige Reagensgläser abpipettiert, die vorher durch Stehen im Eiswasser abgekühlt waren. Beim Arbeiten mit dem Hefepepsin war es nicht notwendig, die Flüssigkeiten zuerst neutral zu machen, denn Vorversuche zeigten, daß die Erstarrungsfähigkeit der Gelatine durch Stehen mit Salzsäure bei 37^0 in keiner Weise beeinflußt wurde. Aber beim Studium des im folgenden Kapitel behandelten Enzyms, der Hefetryptase, wo sich die

---

[1]) Palitzsch und Walbum, diese Zeitschr. **47**, 1, 1912.

Verdauungsreaktionen in alkalischer Lösung abspielten, mußten die
Proben zuerst neutralisiert werden. Dies geschah in der Weise, daß
die Reagensgläser vorher mit einer berechneten Menge Salzsäure und
Wasser, zusammen 1 ccm, versetzt wurden.

Nach gutem Schütteln wurde die neutralisierte Gelatinemischung
15 Minuten lang ohne Schütteln abgekühlt, wonach die Konsistenz be-
urteilt wurde. Um Kurven über die Versuchergebnisse angeben zu
können und die Übersicht zu erleichtern, ist diese Beurteilung in Zahlen
ausgedrückt. Die Verfasser bedienen sich 12 verschiedener „Verflüssi-
gungsgrade", ich habe nur 7 davon genommen, und die Zahlen bedeuten:

> 0 = vollständig starr.
> 1 = starr, kann aber durch starkes Schütteln ein wenig los-
> gerissen werden.
> 2 = starr, aber die Oberfläche bewegt sich beim Schütteln.
> 3 = weich.
> 4 = halbflüssig.
> 5 = beinahe flüssig.
> 6 = dünnflüssig.

Mit einiger Übung war es sehr leicht, diese verschiedenen Stadien
zu unterscheiden. Man kann ja die Methode nicht als absolut quantitativ ansehen, aber sie hat mir außerordentlich gute Dienste geleistet.
Bei sehr alkalischen Lösungen versagt sie jedoch, denn die Behandlung
mit Alkali allein, wie Palitzsch und Walbum [1] ausführlich gezeigt
haben, scheint ja die Erstarrungsfähigkeit der Gelatinelösungen im hohen
Grade zu beeinflussen. Im Kapitel IV werde ich diese Sache näher erörtern.

Die Wasserstoffionenkonzentration wurde elektrometrisch und mit genau denselben Versuchsanordnungen, von
welcher Sörensen [2] sich bedient hat, gemessen. Während der
Reaktion veränderte sich diese nur unbedeutend. Die colori-
metrische Methode war weniger geeignet, doch habe ich diese
im Abschnitt D und E benutzt, um zu kontrollieren, ob die
Wasserstoffionenkonzentration in den verschiedenen Proben
dieselbe war. Die Versuchsanordnungen waren dieselben wie
die in Enzymstudien II beschriebenen.

Um die Anfangskonzentration der Wasserstoffionen sowohl
bei den Acidalbumin- als bei den Gelatineversuchen zu ermitteln, habe ich Kontrollösungen gemacht, die anstatt frische,
gekochte Enzymlösungen enthielten. In diese Flüssigkeiten

---

[1] Palitzsch und Walbum, l. c.
[2] Sörensen, Enzymstudien II, l. c.

wurden die Wasserstoffionenkonzentrationen dann elektrometrisch gemessen.

In vielen Fällen habe ich mich der „Puffer" bedient, um die Wasserstoffionenkonzentration in den Flüssigkeiten konstant zu halten und zwar mit größtem Vorteil Mischungen von sekundärem Natriumphosphat und primärem Kaliumphosphat (Na_2HPO_4, $2\,H_2O$ und KH_2PO_4 nach Sörensen, Kahlbaums Präparate) benutzt.

C. Die optimale Wasserstoffionenkonzentration des Hefepepsins.

In Tabelle VII ist ein Versuch mit Acidalbumin angegeben. Es muß jedoch zuerst gesagt werden, daß sich bei diesen Versuchen viele Schwierigkeiten darboten. Der Hefepreßsaft greift nur, wie schon Hahn[1]) beobachtet hat, Eieralbumin mit

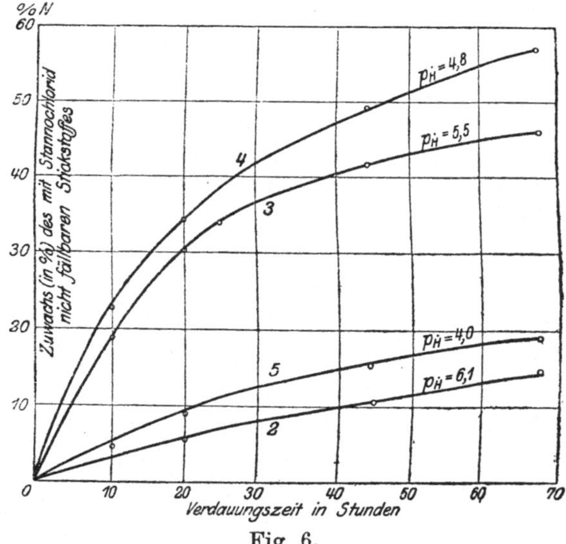

Fig. 6.

Schwierigkeit an. Bei meinen Versuchen zeigte sich auch, daß in einigen Fällen der Hefepreßsaft, der übrigens an Tryptase und Ereptase sehr reich war, Acidalbumin gar nicht spaltete. Das in der oben beschriebenen Weise dargestellte Acidalbumin ist auch nur bei Wasserstoffionenkonzentrationen

---

[1]) Buchner-Hahn, Die Zymasegärung, l. c.

größer als $p_H = 6$ entprechend löslich, denn bei kleineren fällt es in Flocken aus. Um die Wasserstoffionenkonzentration konstant zu halten, habe ich Mischungen von primärem und sekundärem Phosphat zusetzen müssen, besonders in den Versuchen 1—4. Bei 5 und 6 war dies wohl nicht nötig, aber größerer Gleichförmigkeit wegen habe ich auch da primäres Phosphat zugesetzt.

Tabelle VII.

25 ccm Acidalbumin $+\,^n/_5$-NaOH $+$ 20 ccm $^m/_5$-Phosphat (s ccm sek. $+\,p$ ccm prim.) $+$ 10 ccm Enzymlösung $+$ chloroformhaltiges Wasser $=$ 100 ccm.

Die Acidalbuminlösung enthielt pro ccm 1,9 mg Totalstickstoff.

Das Enzympräparat „ „ „ 0,75 „ „

$$t = 37^0.$$

Nr.	1 [1]	2 [1]	3	4	5	6
$s+p$:	$10+10$	$2,4+17,6$	$0,5+19,5$	$0+20$	$0+20$	$0+20$
ccm $^n/_5$-NaOH:	24,0	23,5	23,4	23,3	20,0	10,0
p_H:	6,8	6,1	5,5	4,8	4,0	3,2

Nach Stunden	% neugebildeten durch Stannochlorid nicht fällbaren Stickstoffes					
0	0	0	0	0	0	0
10	0	0	19,0	23,0	4,9	0
20	0	5,6	30,4	34,2	8,9	0
44	0	11,0	41,8	49,4	15,2	0
68	0	15,0	45,6	57,0	19,0	0

In Fig. 6 sind die Ergebnisse der Versuche in der Tabelle VII graphisch dargestellt. Als Abszisse ist die Zeit, als Ordinate die Prozente neugebildeten, durch Stannochlorid nicht fällbaren Stickstoffs, mit anderen Worten die Prozente gespaltenen Eiweißes, gewählt.

Aus der Fig. 4 kann die Zeit entnommen werden, in der in den verschiedenen Fällen dieselbe Menge des Eiweißes, hier 10, 15 und 30 %, gespalten ist. Werden jetzt diese Werte als Ordinaten und p_H als Abszisse in einem Diagramme (Fig. 7) dargestellt, so erhalten wir Kettenkurven, deren Minimum die optimale Wasserstoffionenkonzentration für die Tätigkeit des Hefepepsins darstellt. Das Optimum liegt bei $p_H = $ ca. 4,8.

---

[1] Das Acidalbumin war hier in Flocken ausgefallen.

Ich veröffentliche nur dieses einzige Beispiel, wiederholte Versuche gaben dasselbe Resultat.

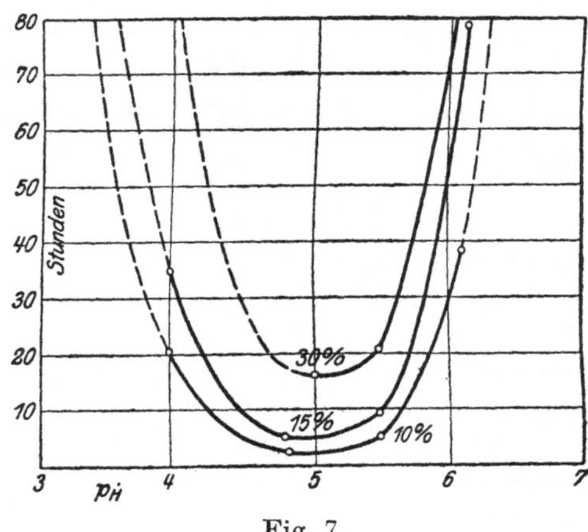

Fig. 7.

Thymolgelatine scheint viel leichter als Eieralbumin abgebaut zu werden, wie es auch Hahn gefunden hat. In der Tabelle VIII und Fig. 8 sind einige Versuche hierüber wiedergegeben. In Fig. 8 ist der nach Palitzsch und Walbum gewählte Verflüssigungsgrad der Gelatine nach einer gewissen Versuchszeit als Ordinate und p_H· als Abszisse gewählt.

Tabelle VIII.

40 ccm Gelatine $+$ 10 ccm Enzym $+$ a ccm $^n/_1$-HCl $+$ b ccm $^n/_1$-NaCl $(a + b = 4$ ccm$) +$ Wasser $= 60$ ccm.

1 ccm Gelatine enthielt 36,3 mg Totalstickstoff.
1 „ Hefepreßsaft „ 0,8 „ „

$$t = 37^0.$$

Nr.	1	2	3	4	5	6	7	8
ccm $^n/_1$-HCl:	4,0	1,6	1,2	1,0	0,8	0,5	0,2	—
ccm $^n/_1$-NaCl:	—	2,4	2,8	3,0	3,2	3,5	3,8	4,0
p_H: (elektrometrisch gemessen)	2,10	3,20	3,81	4,12	4,42	4,90	5,61	6,63
	Verflüssigungsgrad der Gelatine							
Verdauungszeit in Minuten 30	0	1	2	3	3	2	1	2
60	0	1	3	$4^1/_2$	4	4	3	3
90	0	2	4	5	5	5	4	(6)
120	0	3	5	6	6	$5^1/_2$	(6)	(6)

Aus der Fig. 8 geht hervor, daß die Verflüssigung bei $p_{H^{\cdot}}=$ ca. 4,5 am schnellsten eintritt. Sämtliche Kurven haben hier ein Maximum. Doch scheint es, als ob eine Verflüssigung auch beim Neutralpunkt eintritt. Was dieses bedeutet, wird im nächsten Kapitel näher erörtert.

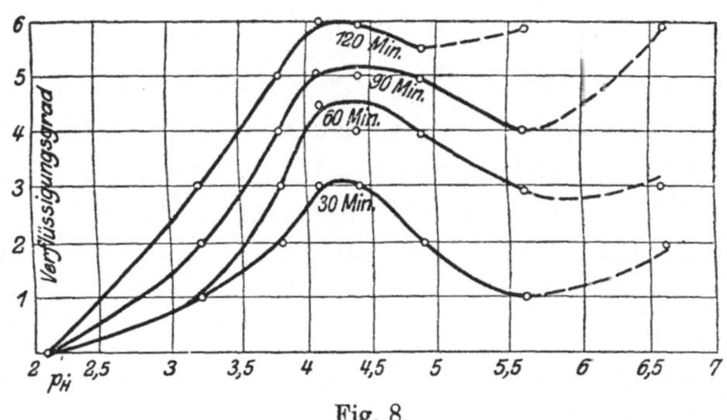

Fig. 8.

Wir können also sagen, daß die optimale Wasserstoffionenkonzentration für die Spaltung von Acidalbumin zu Peptonen, ebenso für die Verflüssigung von Thymolgelatine bei $p_{H^{\cdot}}=4$ bis 4,5 liegt. Der Wert der optimalen Wasserstoffionenkonzentration der Acidalbuminspaltung deckt sich jedoch nicht vollständig mit dem der Gelatineverflüssigung. Doch ist der Unterschied verhältnismäßig klein, und wenn es auch verschiedene Enzyme wären, die diese Wirkungen hervorrufen, so gehören sie doch zu derselben Gruppe: der Pepsingruppe. Dieser Wert, $p_{H^{\cdot}}=4$ bis 4,5, stellt also die optimale Wasserstoffionenkonzentration für die Tätigkeit des Hefepepsins dar. Hierin unterscheidet dieses sich von dem Pepsin des Magensaftes, dessen Optimum nach Sörensen[1]) bei $p_{H^{\cdot}}=1,5$ liegt.

Ich habe keinen Versuch gemacht, die Reaktionskinetik zu deuten, denn diese Spaltungsvorgänge sind ja so kompliziert, daß wir sie nicht ganz überblicken können.

Ebensowenig habe ich aus denselben Gründen im Sinne Michaelis' die Dissoziationsverhältnisse nicht zu bestimmen versucht.

---

[1]) Sörensen, Enzymstudien II, l. c. — Vgl. auch S. Okada: Biochem. Journ. **10**, 126, 1916.

Um jede Verwechslung zu vermeiden, schlage ich hier vor, dieses Enzym, das wohl mit der „Peptase" Vines' identisch ist, Hefepepsin zu nennen.

D. Die Beziehung zwischen optimaler Wasserstoffionenkonzentration und optimaler Temperatur für das Hefepepsin.

Palitzsch und Walbum [1]) haben die Beziehung zwischen optimaler Temperatur und optimaler Wasserstoffionenkonzentration des Pankreastrypsins eingehend studiert und dabei gefunden, daß mit steigender Temperatur die optimale Wasserstoffionenkonzentration gegen die saure Seite hin verschoben wird. Dasselbe hat A. Compton [2]) neuerdings für Maltase gefunden.

Die folgenden Versuche sind ganz ähnlich wie die im vorigen Abschnitt beschriebenen. Der Einfachheit wegen habe ich nur die Gelatinemethode gebraucht. Man findet vier verschiedene Versuchsserien, die sich voneinander nur darin unterscheiden, daß die Digestionsprozesse bei verschiedenen Temperaturen sich abspielten, nämlich bei 16°, 26°, 37° und 45°.

Tabelle IX.

Die optimale Wasserstoffionenkonzentration des Hefepepsins bei verschiedenen Temperaturen.

25 ccm Gelatine (200 g Stammlösung pro 500 ccm) $+ x$ ccm Enzym $+ a$ ccm $^n/_1$-HCl $+$ Wasser $= 60$ ccm.

Das Enzympräparat enthielt 1,4 mg Totalstickstoff pro ccm.

10 ccm Enzym $\qquad t = 16°$

Nr.	1	2	3	4	5	6
ccm $^n/_1$-HCl:	3,2	2,4	2,0	1,6	1,0	0,4
P_H·:	3,2	3,8	4,1	4,4	4,9	5,6
	Verflüssigungsgrad					
Verdauungszeit in Minut. { 60	1	2	$2^1/_2$	2	1	0
120	2	$2^1/_2$	3	3	2	1
300	2	3	$3^1/_2$	$3^1/_2$	$2^1/_2$	2

[1]) Palitzsch und Walbum, l. c.
[2]) A. Compton, Proc. Roy. Soc. **88**, 408, 1915.

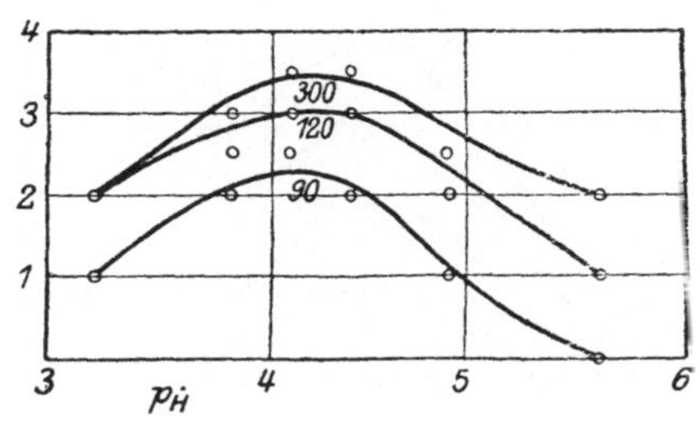

Fig. 9.

Tabelle X.

5 ccm **Enzym** $t = 26^0$

Nr.	1	2	3	4	5	6
ccm $^n/_1$-HCl:	3,2	2,4	2,0	1,6	1,0	0,4
p_H· :	3,2	3,8	4,1	4,4	4,9	5,6
	Verflüssigungsgrad					
Verdauungszeit in Minut. 90	$^1/_2$	1	$1^1/_2$	2	1	0
120	1	2	$2^1/_2$	$2^1/_2$	2	1
300	2	3	$3^1/_2$	$3^1/_2$	3	2
600	2	4	4	5	4	4

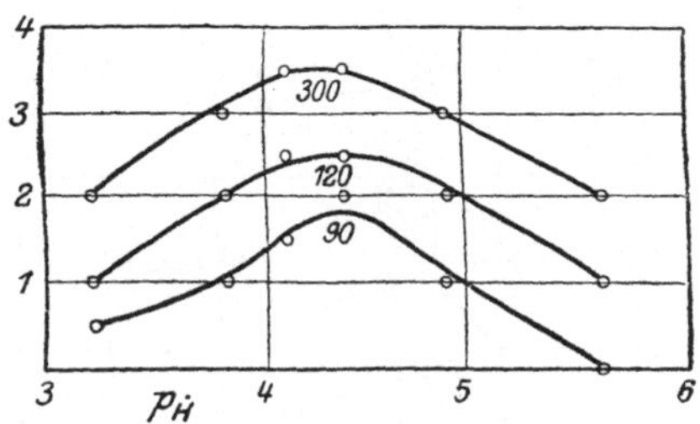

Fig. 10.

Tabelle XI.

2,5 ccm **Enzym** $t = 37^0$

Nr.	1	2	3	4	5	6
ccm $^n/_1$-HCl:	3,2	2,4	2,0	1,6	1,0	0,4
p_H. :	3,2	3,8	4,1	4,4	4,9	5.6
	Verflüssigungsgrad					
Verdauungszeit in Minuten 30	0	$1^1/_2$	2	2	$1^1/_2$	1
60	1	2	3	3	2	2
120	$1^1/_2$	3	4	4	3	3
300	2	4	5	5	4	5
600	3	6	6	6	6	6

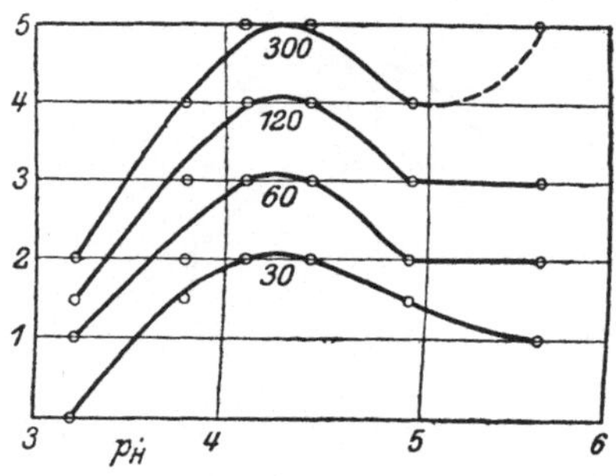

Fig. 11.

Tabelle XII.

2,5 ccm Enzym $t = 45^0$

Nr.	1	2	3	4	5	6
ccm $n/_1$-HCl:	3,2	2,4	2,0	1,6	1,0	0,4
p_H :	3,2	3,8	4,1	4,4	4,9	5,6
	Verflüssigungsgrad					
Verdauungszeit in Minuten { 30	0	1	2	$1^1/_2$	1	1
60	1	2	3	$2^1/_2$	2	2
120	2	3	4	$3^1/_2$	3	3
300	2	$4^1/_2$	5	$4^1/_2$	4	4
600	3	6	6	6	6	6

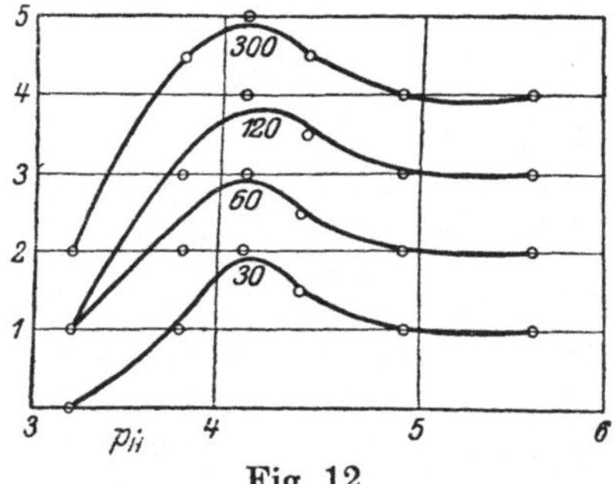

Fig. 12.

Wie ich schon im vorigen Abschnitt gesagt habe, gibt es wahrscheinlich noch ein Enzym, das auch Gelatine zu verflüssigen vermag und dessen Optimalpunkt bei $p_H = 7$ liegt. Aus den übrigen Tabellen und Figuren geht auch hervor, daß diese zwei Enzymwirkungen, Pepsin- und Tryptasewirkung, ineinandergreifen, und daher wird das Resultat verschoben. Wir können jedoch deutlich merken, daß der Optimalpunkt des Pepsins bei allen untersuchten Temperaturen bei $p_H = 4{,}2$ bis $4{,}5$ liegt. Aus den Fig. 10, 11 und 12 kann man sehen, daß die optimale Wasserstoffionenkonzentration sich ein wenig mit steigender Temperatur gegen die saure Seite hin verschiebt. Doch allerdings sehr unbedeutend und nicht mit so großen Werten, wie Palitzsch und Walbum für das Trypsin gefunden haben.

Was die Ursache zu dieser Verschiebung des Optimalpunktes ist, ist schwer zu sagen. Es könnte die Dissoziation des Enzyms bei verschiedenen Temperaturen verschieden sein, oder auch könnte die Enzymzerstörung bei höherer Temperatur in Flüssigkeiten, wo die Konzentration der Hydroxylionen größer ist, viel schneller als bei niedriger vor sich gehen. Wahrscheinlich spielen diese beiden Faktoren, Dissoziation und Selbstzerstörung des Enzyms, zugleich eine Rolle.

E. Die Einwirkung von Neutralsalzionen auf das Hefepepsin.

Bei dieser Untersuchung habe ich mich nur der Gelatinemethode bedient. Wie ich im vorigen Abschnitt gezeigt habe, liegt die optimale Wasserstoffionenkonzentration des Hefepepsins bei $p_H = 4{,}5$. Bei dieser Wasserstoffionenkonzentration sind auch sämtliche Versuche angestellt. Sie sind ganz ähnlich wie im vorigen Abschnitt ausgeführt. Ich habe auch hier eine konzentriertere Gelatinelösung (200 g Stammlösung auf 500 ccm verdünnt) angewendet und die fehlende Menge Wasser durch Salzlösungen ersetzt.

Es zeigte sich, daß beim Zusetzen von mehr Salz, als ca. 1 n auf die Flüssigkeit berechnet, die Resultate unsicher ausfielen. Die Gelatine wurde nämlich teilweise ausgesalzen, und die Flüssigkeiten erstarrten sehr schwierig. Aber bei Salzkonzentrationen niedriger als 1 n hatte das zugesetzte Salz keine Einwirkung auf die Erstarrungsfähigkeit der Gelatine.

In der Tabelle ist unter dem Namen des Salzes die Konzentration desselben in der ganzen Flüssigkeit angegeben. In den meisten Fällen ist die Salzkonzentration $0{,}4$ n gewesen, für einige Salze, wie Chlorkalium, ist die Konzentration von $0{,}1$ n bis $0{,}8$ n variiert worden. Nur in einem Falle, als Magnesiumchlorid zugesetzt war, wurde die Enzymwirkung zu einem größeren Betrag gehemmt. Möglicherweise bedeutet dies nur, daß

Tabelle XIII.

25 ccm Gelatine (200 g Stammlösung pro 500 ccm) + Salzlösung + 10 ccm $^n/_5$-HCl + 10 ccm Enzym + Wasser = 60 ccm.
Das Enzympräparat enthielt 0,8 mg Totalstickstoff pro ccm.

$p_H = 4{,}12$ $t = 37°$

Nr.	1	2	3	4	5	6	7	8	9	10	11	12	13	14	15	16
Salz:	ohne Salzzusatz	NaCl		KCl				KBr	KJ	NaF	KNO$_3$	Na$_2$SO$_4$	NaClO$_3$	LiCl	CaCl$_2$	MgCl$_2$
Konzentrat.:		0,4	0,1	0,8	0,4	0,2	0,1	0,4	0,4	0,2	0,4	0,4	0,3	0,5	0,4	0,4
Verflüssigungsgrad der Gelatine																
Verdauungszeit in Minuten 30	2	2	2	2	2	2	2	2	2	2	2	1	2	2	1	1
60	3	3	3	3	3	3	3	3	3	3	3	3	3	3	3	2
120	5	4$^1/_2$	5	5	5	5	5	4	5	5	4	4	5	5	4	3
240	6	5	6	6	6	6	6	5	5$^1/_2$	6	5	5	6	6	5	4

Tabelle XIV.

25 ccm Gelatine (200 g Stammlösung pro 500 ccm) + 20 ccm $^m/_5$-Phosphat (s ccm sek. + p ccm prim.) + 5 ccm Hefepreßsaft + $^n/_1$ ccm HCl (NaOH) + Wasser = 60 ccm.
Das Enzympräparat enthielt 1,3 ccm Totalstickstoff pro ccm. $t = 37°$

Nr.	1	2	3	4	5	6	7	8	9	10	11	12	13
ccm $^n/_1$-HCl:	2	1	0,8	0,4	0,2	—	—	—	—	—	—	—	—
ccm $^n/_1$-NaOH:	—	—	—	—	—	—	—	—	0,05	0,2	0,3	0,5	1,0
$s + p$:	0 + 20	1 + 19	1,5 + 18,5	2 + 18	3 + 17	5 + 15	10 + 10	14 + 6	16 + 4	18 + 2	20 + 0	20 + 0	20 + 0
p_H:	3,8	4,8	5,3	5,8	6,0	6,4	6,8	7,1	7,4	7,8	8,2	8,5	9,0
Verflüssigungsgrad der Gelatine													
Verdauungszeit in Minuten 15	—	—	—	0	—	0	1	2	1	0	—	—	0
30	1	2	1	1	1	0	2	3	2	1	0	0	1
60	1$^1/_2$	3	2	2	1	1	3	4	3	2	1	2	3
90	2	4	3	2$^1/_2$	2	1$^1/_2$	4	5	4	3	2	2	(4)
120	3	5	4	3	3	3	5	6	5	3$^1/_2$	3	(4)	(6)
180	3	6	5	4	4	5	6	6	6	4	3	(5)	(6)

eine Aussalzung von dem Enzym stattgefunden hat. Bei der Hefenereptase (siehe unten) habe ich dasselbe gefunden.

Natriumsulfat, Kaliumnitrat und Kaliumbromid hemmen die Reaktionsgeschwindigkeit ein wenig und merkbar mehr als die anderen Neutralsalze. Diese Tatsache steht möglicherweise in Zusammenhang mit den quellungshemmenden Eigenschaften dieser Salze. [Vgl. die Diskussion in Kapitel II, Abschnitt C][1]).

Übrigens kann als ein allgemeines Urteil gesagt werden, daß, abgesehen von kleineren Schwankungen in den Versuchsergebnissen, Neutralsalze bei diesen Konzentrationen keinen bedeutenden Einfluß auf die Gelatine verdauende Tätigkeit des Hefepepsins haben.

Dieses negative Resultat ist aber von besonderer Wichtigkeit. Denn man könnte ja den Einwand gegen die Resultate des vorigen Abschnittes über die optimale Wasserstoffionenkonzentration für das Hefepepsin erheben, daß nicht nur die Wasserstoffionen, sondern auch andere positive oder negative Ionen hemmende oder befördernde Wirkungen auf die proteolytischen Enzyme der Hefe haben. Dieser Versuch zeigt aber deutlich, daß dies nicht der Fall ist. Neutralsalzionen, die die Wasserstoffionenkonzentration nicht verändern, haben in mäßigen Konzentrationen, keinen Einfluß auf die Wirksamkeit des Hefepepsins. Dagegen ist die Konzentration der Wasserstoffionen von einer fundamentalen Bedeutung für die Wirkungen der proteolytischen Enzyme der Hefe.

IV.

Die Hefetryptase.

ich das Hefepepsin und die Hefenereptase näher studiert var ich anfangs der Ansicht, daß die Wirkungen der then „Endotryptase" nichts anderes als gleichzeitige gen dieser beiden Enzyme wären. Während der folgenbeit mußte ich aber diese Ansicht modifizieren und die Ergebnisse Hahns bis zu einem gewissen Grad be-[2]).

Ringer, Koll. Zeitschr. 19, 253, 1916.
Neuerdings hat S. Okada, Biochem. Journ. 10, 130, 1916, die opasserstoffionenkonzentration für die trypsinähnlichen Wirkungen

Oben habe ich gezeigt, daß die Verdauung des Hefen-eiweißes und ebenso die des Acidalbumins nur in einem Gebiet der Wasserstoffionenkonzentration, $p_{H\cdot} = 4$ bis $p_{H\cdot} = 6$ vor sich geht. In neutraler oder alkalischer Lösung werden das Acid-albumin und das Hefeneiweiß gar nicht angegriffen.

Beim Benutzen der Verflüssigung von Gelatine als Reagens auf die peptonisierenden Enzyme der Hefe fand ich aber, daß Verflüssigung sowohl in saurer wie in schwach alkalischer Lösung eintrat. Im ersten Falle war die optimale Wasserstoffionen-konzentration gleich $p_{H\cdot} = 4{,}5$, also etwa dieselbe wie für die Acidalbuminverdauung, im anderen Falle war sie gleich $p_{H\cdot} = 7$, und dazwischen lag ein Minimum in der Verflüssigungs-geschwindigkeit.

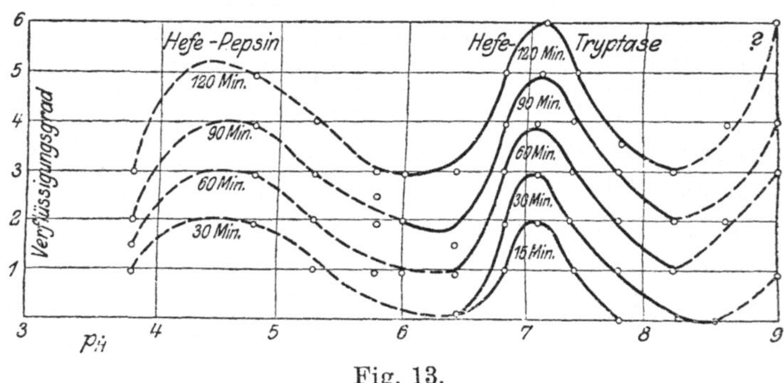

Fig. 13.

In der Tabelle XIV und der Fig. 13 sind einige genaue Versuche hierüber angegeben. Die Versuchsmethodik ist schon im vorigen Kapitel beschrieben. Ich habe hier Phosphat-gemische als „Puffer" zusetzen müssen, weil Vorversuche, bei denen einige Tropfen von Neutralrot, Naphtholphthalein oder einem anderen Indicator zugesetzt waren, zeigten, daß in den ersten Minuten die Flüssigkeit etwas saurer, danach aber sehr schnell viel alkalischer wurde. Dies deutet darauf hin, daß die

---

des pflanzlichen Enzymes, Takadiastase, studiert. Er bediente sich derselben Versuchsmethoden wie Michaelis und Davidsohn, diese Zeitschr. **36**, 280, 1911, benutzte, nämlich die Spaltung von Witte-pepton. Er fand dabei bei 37^0 den Wert, $[H^{\cdot}] = 8{,}5 \cdot 10^{-6}$. In der Takadiastase scheint also ein Enzym vorhanden zu sein, das der Hefetryptase sehr ähnelt. Auch Neutralsalze in mäßigen Konzentra-tionen sollen die Wirkungen dieses Enzyms nicht beeinflussen.

Gelatine in alkalischer Lösung viel tiefer als in saurer abgebaut wurde. Im letzteren Falle verändert sich die Wasserstoffionenkonzentration nur wenig während der Reaktion.

In der Tabelle XIV sind die in den Versuchsflüssigkeiten vorhandenen Mengen $n/_1$-Natronlauge bzw. Salzsäure, und $m/_5$ primäres oder sekundäres Phosphat (s ccm sek. $+ p$ prim.) angegeben. Wie Palitzsch und Walbum gezeigt haben, muß man die alkalischen Gelatineproben vor der Analyse neutralisieren, um einen richtigen Erstarrungspunkt zu erhalten. Ich habe dies in derselben Weise wie sie ausgeführt.

Betrachten wir jetzt die Fig. 13, welche Fig. 8 ähnlich ist. Als Ordinate ist der Verflüssigungsgrad der Gelatine nach einer bestimmten Versuchszeit und als Abszisse sind die zugehörigen Werte von p_H gewählt. Kurven für 30, 60, 90 und 120 Minuten sind eingezeichnet worden. Bei $p_H = $ etwa 4,5 haben wir ein Maximum, das deutlich die optimale Wasserstoffionenkonzentration des Hefepepsins anzeigt. Bei $p_H = 6$ ist ein Minimum, und bei $p_H = 7,0$ ein neues Maximum. Es muß sich hier um eine Enzymwirkung handeln, denn diese Erscheinung kann nicht von der Einwirkung des Alkalis auf die Gelatine herrühren. Denn jede Probe wurde vor der Analyse genau neutralisiert, und Kontrollproben, die mit gekochter Enzymlösung versetzt waren, erstarrten nach der Neutralisation und Abkühlung gleich schnell und gleich gut, wenn die Wasserstoffionenkonzentration nicht kleiner als $p_H = 8$ war. Bei etwa $p_H = 8$ haben die Kurven ein neues Minimum und steigen dann wieder. Doch sind die Bestimmungen in diesem Gebiet nicht zuverlässig, denn das Alkali allein scheint die Gelatine in solcher Weise zu verändern, daß sie schwieriger erstarrt. Daher ist es das sicherste, nichts Bestimmtes darüber zu sagen, warum die Kurven hier steigen.

Das Maximum bei $p_H = 7,0$ kann aber nur bedeuten, daß in dem Hefepreßsaft außer dem Hefepepsin noch ein proteolytisches Enzym vorhanden ist, das Thymolgelatine nicht nur verflüssigen, sondern auch viel tiefer abzubauen vermag. Denn in der Versuchsflüssigkeit waren große Mengen formoltitrierbaren Stickstoffs neugebildet worden, was nicht in saurer Lösung durch die Einwirkung des Hefepepsins eintrat. Dies zeigt die kleine Tabelle XV.

Tabelle XV.

a) 40 ccm Gelatine (vgl. Tab. VIII) $+$ 10 ccm Enzym $+$ Wasser $=$ 60 ccm.
$p_{H\cdot} = 6,7$ im Anfang; wurde aber größer während der Reaktion.
b) dasselbe $+$ 5 ccm $n/_5$-HCl $=$ 60 ccm.

$p_{H\cdot} = 4,2$ (ziemlich konstant gehalten). $t = 37^0$

Verdauungszeit in Stunden	$^0/_0$ freigemachter Aminostickstoff	
	a	b
1	2,0	0,0
2	5,1	0,0
6	9,0	2,0
20	14,3	3,0

Hier müssen wir jedoch bedenken, daß bei a) auch die Peptidspaltung teilweise durch die Hefenereptase bewirkt werden kann.

Das hier gefundene Enzym verhält sich also dem Pankreastrypsin ähnlich, nur mit dem Unterschied, daß die optimale Wasserstoffionenkonzentration des ersteren Enzyms bei $p_{H\cdot} = 7$, während die des letzteren bei $p_{H\cdot} = 8$[1]) liegt.

Eine weitere Stütze für die Annahme einer derartigen Hefetryptase gibt das Verhalten des Hefepreßsafts gegenüber Witte-Pepton. In der Tabelle XVI und Fig. 14 sind einige Versuche hierüber angegeben.

Die Peptonlösung wurde in folgender Weise hergestellt: ca. 40 g Pepton (Witte) wurden in 1 l destilliertem Wasser in einer Schüttelmaschine 2 Stunden geschüttelt. Die Lösung wurde dann auf einem Wasserbade mit Tierkohle erhitzt und dann abfiltriert. Zu dem hellgelben, klaren Filtrat wurde so viel $n/_5$-Salzsäure zugesetzt, daß eine Probe die Wasserstoffionenkonzentration $p_{H\cdot} = 7,0$ entsprechend angab. Die Lösung wurde nach Zusatz von Chloroform im Eisschrank aufbewahrt und war wochenlang haltbar, ohne Niederschläge und mit konstanter Wasserstoffionenkonzentration.

Im Erlenmeyerkölbchen von 150 ccm setzte ich zu 30 ccm Peptonlösung so viel $n/_5$-Salzsäure oder Natronlauge, wie nach Vorversuchen zum Erreichen der gewünschten Wasserstoffionenkonzentration notwendig war, 20 ccm $m/_5$-Phosphatlösung als „Puffer" (s ccm sek. $+ p$ ccm prim.), 10 ccm Hefepreßsaft und so viel destilliertes Wasser, daß das Volumen der Flüssigkeit genau 100 ccm betrug. Als Antisepticum wurde Chloroform benutzt. Die Versuchstemperatur war wie früher 37^0.

---

[1]) Michaelis und Davidsohn, Biochem. Zeitschr. **36**, 280, 1911.

Nach den in der Tabelle angegebenen Zeiten wurden Proben von je 15 ccm entnommen, die Phosphorsäure wurde beseitigt und dann der neugebildete Aminostickstoff durch Formoltitration bestimmt. (Vgl. Kap. V, E.)

Tabelle XVI.

30 ccm Peptonlösung $+ n/5$-HCl(NaOH)$+ 20$ ccm $m/5$-Phosphat (s ccm sek.$+ p$ ccm prim.) $+ 10$ ccm Hefepreßsaft $+$ Wasser $= 100$ ccm.

1 ccm Peptonlösung enthielt 5,9 mg Peptidstickstoff $+ 0,7$ mg formoltitrierbares.

1 ccm Hefepreßsaft enthielt 1,2 mg Totalstickstoff. $t = 37^0$

Nr.	1	2	3	4	5	6	7	8
ccm $n/5$-HCl:	4,0	2,0	1,0	—	—	—	—	—
ccm $n/5$-NaOH:	—	—	—	—	1,0	2,0	4,0	6,0
$s + p$:	0 + 20	0,5 + 19,5	4 + 16	10 + 10	16 + 4	18 — 2	19 + 1	19,5 + 0,5
$p_H\cdot$:	4,8	5,7	6,4	7,0	7,4	7,7	8,0	8,3
% freigemachter Aminostickstoff								
Nach Stunden 0	0	0	0	0	0	0	0	0
3	—	—	8,8	10,4	—	2,0	—	—
6	2,0	4,9	13,8	15,8	5,9	5,6	3,0	—
18	3,2	8,8	22,7	24,6	11,8	10,9	5,9	3,0
28	—	11,8	—	25,6	12,9	—	8,4	—
48	4,9	14,8	25,0	27,6	14,8	14,8	12,8	7,9

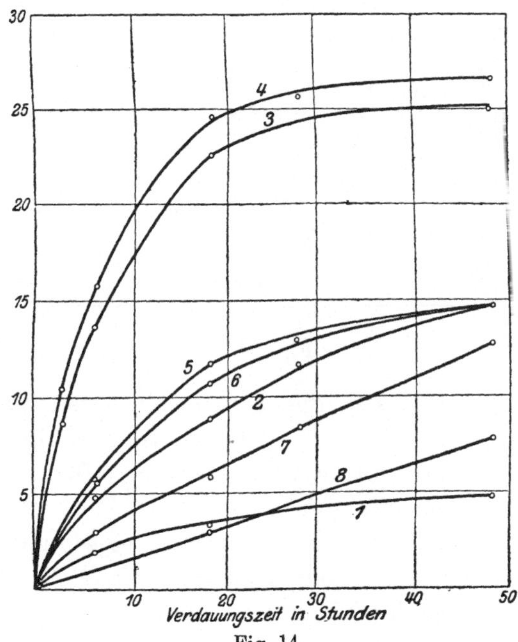

Fig. 14.

Das Resultat ist als „$^0/_0$ freigemachter Aminostickstoff" angegeben, d. h. wenn die ursprüngliche Menge von nicht formoltitrierbarem Stickstoff a, und der nach einer gewissen Zeit daraus freigemachte Aminostickstoff b ist, bedeuten die Zahlen in der Tabelle $\dfrac{100 \cdot b}{a}$. Das Enzympräparat enthält auch ein wenig Peptidstickstoff, und dies ist in a mitgerechnet.

Es ist zuerst auffallend, daß die Spaltung nicht vollständig verläuft. Im günstigsten Falle sind nur etwa $25\,^0/_0$ des Peptidstickstoffs in Aminostickstoff umgewandelt. Wiederholte Versuche gaben dasselbe Resultat; anfangs ging die Verdauung relativ schnell vor sich, wurde dann aber gehemmt, wenn höchstens 40 bis $50\,^0/_0$ der Peptidbindungen gelöst waren. Zugabe von mehr Enzym hatte nur eine sehr kleine Wirkung.

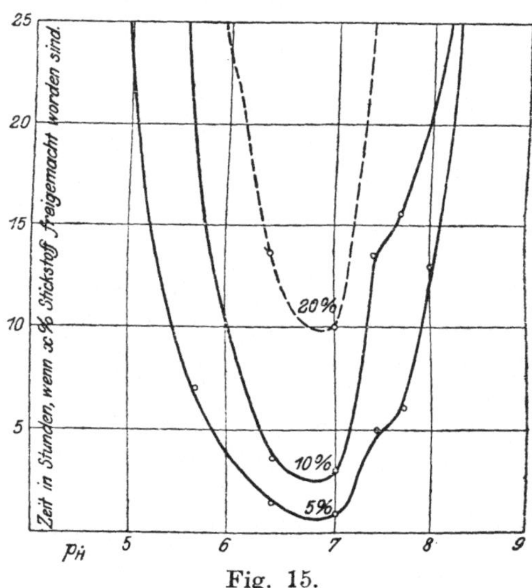

Fig. 15.

Aus der Fig. 14 sind die Zeiten entnommen, die zu der Spaltung von 5,10 und $20\,^0/_0$ des Substrates nötig sind und in der Fig. 15 als Ordinaten eingetragen. Die zugehörigen Werte von p_H sind Abszissen.

Die Minimumpunkte dieser Kurven liegen also bei der optimalen Wasserstoffionenkonzentration dieses Enzyms, und zwar, wie wir sogleich sehen können, bei $p_H = 6,9$. Vergleichen wir diesen Wert mit dem mittels der Verflüssigung von Gelatine erhaltenen, so können wir sagen, wenn man die Versuchsfehler mit berücksichtigt, daß beide fast identisch sind.

Aller Wahrscheinlichkeit nach werden also die zweite Verflüssigung von Gelatine und die Spaltung von Witte-Pepton von einem trypsinähnlichen Enzym bewirkt. Dieses Enzym sollte also die Hahnsche „Endotryptase" im engsten Sinn sein. Doch was Hahn und seine Nachfolger mit diesem Namen bezeichnet haben, ist nichts als die vermeintliche Ursache der gleichzeitigen Wirkungen von Hefepepsin, Hefetryptase und vielleicht auch Hefenereptase. Der im alkalischen Gebiet liegende Ast der Kurven zeigt einen deutlichen Knick bei $p_H = 7{,}8$. Im nächsten Kapitel habe ich gezeigt, daß die optimale Wasserstoffionenkonzentration der Hefenereptase, welches Enzym Polypeptide in Aminosäuren zerlegt, eben bei $p_H = 7{,}8$ liegt. Wahrscheinlich rührt dieser Knick davon her, daß die Ereptase hier am meisten wirkt. Es ist jedoch nicht ausgeschlossen, daß dieser Knick eine bloße Zufälligkeit darstellt.

Es wäre in diesem Falle unnütz, die Reaktionskinetik durch irgendeine Formel auszudrücken, da wir es nicht mit einer reinen, sondern mit gemischten Enzymwirkungen zu tun haben und nicht wissen, in welchem Maße jede Komponente mitwirkt.

Auch das Casein wird von der Hefetryptase verdaut. Aber leider ist das Casein nicht bei allen hier in Frage kommenden sserstoffionenkonzentrationen löslich. Dergleichen Versuche also nicht einwandfrei. Bei meinen Versuchen, die ich er nicht mitanführe, zeigte sich jedoch, daß die optimale sserstoffionenkonzentration nicht bei $p_H = 7{,}8$, sondern etwa a Neutralpunkt liegt.

Daß auch die Hefetryptase von Neutralsalzionen in mäßigen zentrationen nur sehr wenig beeinflußt wird, zeigt die elle XVII. Die Versuchsbedingungen sind dieselben wie in Tabelle XIII.

Dies folgt auch aus den negativen Resultaten der Versuche r den Einfluß von Neutralsalzionen auf die Autolyse in der elle III, denn die Tryptase ist eines der wirksamsten Enzyme der Autolyse.

Wir können dieses Enzym mit folgenden Worten charaksieren: Die Hefetryptase greift weder das eigene Eiiß der Hefe noch Eieralbumin an, verdaut aber

Thymolgelatine, Casein und Witte-Pepton, die jedoch nicht vollständig zu Aminosäuren abgebaut werden. Die optimale Wasserstoffionenkonzentration für die Tätigkeit des Enzyms liegt bei $p_H = 6{,}9$ bis $7{,}1$ bei 37^0. Hierin unterscheidet es sich also von dem Trypsin des Pankreas, für das die optimale Wasserstoffionenkonzentration bei $p_H = 8$ liegt.

Tabelle XVII.

Einfluß verschiedener Neutralsalzionen auf die Tätigkeit der Hefetryptase.

25 ccm Gelatine (200 g Stammlösung pro 500 ccm) + Salzlösung + 10 ccm Hefepreßsaft + 3 ccm $^m/_5$ prim. + 7 ccm $^m/_5$ sek. Phosphat + Wasser = 60 ccm.

Der Hefepreßsaft enthielt pro ccm 0,8 mg Stickstoff.

$p_H = 7{,}1$. $t = 37^0$

Nr.	1	2	3	4	5	6	7
Salz: Konzentration:	Ohne Salzzusatz	NaCl 0,4	KCl 0,8	0,4	KNO$_3$ 0,4	Na$_2$SO$_4$ 0,4	NaClO$_3$ 0,3
	Verflüssigungsgrad der Gelatine						
Ver- dauungszeit in Min. 60	3	3	3	3	3	3	3
120	5	4$^1/_2$	5	5	4	4	5
240	6	5$^1/_2$	5$^1/_2$	6	5	5	6

V.

Die Hefenereptase.

A. Allgemeine Gesichtspunkte.

Beim Studium des Hefepepsins und der Hefetryptase boten sich gewisse Schwierigkeiten dar. Teils waren die Versuchsmethoden nicht vollständig genau, teils war es nicht möglich, die verschiedenen Enzymreaktionen ganz voneinander zu isolieren. Bei dem dritten Enzym, der Hefenereptase, liegt die Sache ganz anders. Denn wenn man als Substrat ein einfaches Dipeptid verwendet, z. B. Glycylglycin, so wird dieses weder von dem Pepsin noch von der Tryptase angegriffen. Bei dieser Reaktion können wir ganz sicher sein, daß wir nur die Wirkung der Ereptase verfolgen, und wir können die anderen Enzyme des Hefepreßsaftes ganz beiseite lassen. Bei Spaltungen von einem einfachen Dipeptid können wir auch die

Wasserstoffionenkonzentration leicht ermitteln, was nicht möglich wäre, wenn größere Mengen Eiweißstoffe in der Lösung wären.

Die Hefenereptase schien das im Hefepreßsaft haltbarste Enzym zu sein, und neu bereitet schien dieser auch viel größere Mengen Ereptase als Pepsin oder Tryptase zu enthalten. Dies zeigt die verschiedene Geschwindigkeit, mit der verschiedene Substrate gespalten werden.

In dieser Arbeit habe ich die Wirkungen der Hefenereptase mit denen des Erepsins von Cohnheim verglichen. Abderhalden hat dasselbe früher getan und hat die Meinung ausgesprochen, daß diese Enzyme identisch seien.

Diejenigen Forscher, die sich mit Spaltungen von Dipeptiden durch Ereptasen beschäftigt haben, legten alle das Hauptgewicht auf die Reaktionskinetik. Die wichtigsten Arbeiten sind die von Abderhalden[1]) und seinen Mitarbeitern und die von Euler[2]). Der erstere hat optisch aktive Dipeptide mit verschiedenen proteolytischen Enzymen gespalten und die Reaktionsgeschwindigkeit durch Messungen der Drehungsänderungen ermittelt. Er hat gefunden, daß die Reaktion im allgemeinen schneller verläuft, als sie es nach dem monomolekularen Reaktionsgesetze tun würde. Michaelis hat auch eine empirische Formel, $k = \ln\dfrac{a}{a-x} + \varepsilon\dfrac{x}{t}$ (mit der gewöhnlichen Bezeichnungsweise), aufgestellt.

Euler hat Glycylglycin durch Erepsin in alkalischer Lösung gespalten und die Reaktionsgeschwindigkeit in der Weise ermittelt, daß er die Veränderungen der elektrischen Leitfähigkeit bestimmte. Er hat durchgehend gefunden, daß die monomolekulare Reaktionskonstante gegen Ende der Reaktion abnimmt. Er hebt jedoch hervor, daß es eine monomolekulare Reaktion sein muß.

Also haben einerseits Abderhalden und Mitarbeiter, andererseits Euler ganz entgegengesetzte Resultate betreffs

<hr>

[1]) Abderhalden und Koelker, Zeitschr. f. physiol. Chem. **51**, 294, 1907. — Abderhalden und Michaelis, ebenda **52**, 326, 1907. — Abderhalden und Brahm, ebenda **57**, 342, 1908 u. a.

[2]) Euler, Ark. f. Kemi, Min. o. Geol., Stockholm **1907**, No. 31 och 39.

der Reaktionskinetik erhalten. Unten werde ich zeigen, wie dies zu erklären ist.

Es ist schon von vornherein klar, daß die Wasserstoffionenkonzentration in der Versuchsflüssigkeit eine hervorragende Rolle spielen muß. Dazu kommt, daß bei Spaltungen von Dipeptiden diese sich während der Reaktion sehr bedeutend verändern kann. Euler hat schon gezeigt, daß die Dissoziationskonstante, K_a, für Glycylglycin, als Säure betrachtet, etwa 30 mal größer als K_a für Glykokoll ist. Es ist ohne weiteres ersichtlich, daß bei ein und derselben Natriumhydroxydmenge die Wasserstoffionenkonzentration viel kleiner am Ende als am Anfang der Reaktion sein wird, oder mit anderen Worten: die Flüssigkeit wird um so alkalischer, je weiter die Spaltung fortschreitet.

Darum habe ich in dem ersten der folgenden Abschnitte die Dissoziationskonstanten von Glycylglycin und Glykokoll bestimmt und theoretisch abgeleitet, wie sich die Wasserstoffionenkonzentration während einer Spaltung von Glycylglycin verändert, ehe ich die Versuche mit Enzymen vorgenommen habe.

B. Die Dissoziationskonstanten des Glycylglycins und des Glykokolls.

Durch die Arbeiten von Winkelblech[1], Walker[2] und Lundén[3] sind die Dissoziationsverhältnisse der amphoteren Elektrolyte klargelegt. Wird z. B. zu Glykokoll eine Säure gesetzt, so reagiert es wie eine Base, aber in Mischungen mit Alkalihydrat wirkt es als Säure. Aus der Leitfähigkeit und dem Hydrolysegrad bei Glykokollsalzen oder Glykokollaten. haben die genannten Autoren die Dissoziationskonstanten K_a bzw. K_b berechnet.

Um die Werte für die Dissoziationskonstante des Glycylglycins und des Glykokolls zu kontrollieren, welche Werte für die vorliegende Arbeit von größtem Interesse sind, habe ich hierüber einige neue Bestimmungen gemacht. Ich habe dabei

---

[1] Winkelblech, Zeitschr. f. physikal. Chem. **36**, 546, 1901.

[2] Walker, ebenda **49**, 82, 1904; **51**, 706, 1905.

[3] Lundén, Medd. f. K. Vet. Ak. Nobel Inst. **1**, II, Stockholm 1908.

eine andere Versuchsmethode als die eben Genannten gebraucht. Anstatt die Leitfähigkeit zu messen, habe ich die Wasserstoffionenkonzentration in Mischungen von Glycylglycin oder Glykokoll und Natriumhydroxyd bzw. Salzsäure bestimmt.

Die Messungen wurden, wo nicht anders angegeben ist, in der folgenden Weise ausgeführt: In Meßkölbchen von 20 ccm, vorher mit kohlensäurefreier Luft gefüllt, wurden 10 ccm 0,8 n-Glykokollösung (für Glycylglycin 0,4 n) mit wechselnden Mengen Natriumhydroxyd bzw. Salzsäure vermischt, wonach kohlensäurefreies destilliertes Wasser bis zur Marke eingefüllt wurde. Die Glykokollkonzentration war folglich überall 0,4 n und die Glycylglycinkonzentration 0,2 n.

In etwa 5 ccm der Mischung wurde die Wasserstoffionenkonzentration mit Hilfe eines Hassselbalch-Apparates mit strömendem Wasserstoff bestimmt (in den Tabellen sind diese Werte unter „p_H.“ angegeben). Die Versuchsanordnungen waren genau dieselben, die in Sörensens[1] „Enzymstudien II“ angegeben sind. Sämtliche Bestimmungen sind in einem Temperaturintervall 17,5 bis 18,5° gemacht und nachher auf 18° reduziert.

Wenn die Wasserstoffionenkonzentration bekannt ist, können die Dissoziationskonstanten, K_a und K_b, leicht berechnet werden. Sei die Anfangskonzentration des Glykokolls a und die des Natriumhydroxyds b, so bekommt man, vorausgesetzt, daß daß vorhandene Natriumglykokollat vollständig dissoziiert ist, die Gleichung:

$$\frac{[\text{H}^{\cdot}] \cdot [\text{diss. Glyk}]'}{[\text{undiss. Glyk}]} = K_a \quad \text{oder} \quad \frac{[\text{H}^{\cdot}] \cdot b}{a - b} = K_a,$$

wenn die Konzentration des dissoziierten Glykokolls gleich der des Natriumhydroxyds b gesetzt wird, was jedoch nicht ganz zutreffend ist[2].

In derselben Weise gelangen wir für das Glykokollhydro-

---

[1] Sörensen, l. c.

[2] K. Melander hat eine andere Formel für die Berechnung von Dissoziationskonstanten gegeben, Biochem. Zeitschr. 74, 134, 1916. Nach meinen Berechnungen gibt diese Formel etwa dieselben Werte der Dissoziationskonstanten von Glycylglycin und Glykokoll, der Unterschied beträgt höchstens 10 %.

chlorid, wenn hier die Konzentration der Salzsäure gleich b gesetzt wird, zu der folgenden Gleichung:

$$\frac{[\text{diss. Glyk}]\,[\text{OH}]'}{[\text{undiss. Glyk}]} = K_b$$

oder da $[\text{OH}'] = \dfrac{K_w}{[\text{H}]}$, wo K_w die Dissoziationskonstante des Wassers ist:

$$\frac{\dfrac{K_w}{[\text{H}]^{\cdot}}}{a - b} = K_b.$$

Wie gesagt, ist die Annahme doch nicht **ganz** korrekt, daß alles Glykokollsalz dissoziiert ist. Bezeichnen wir mit α den Dissoziationsgrad des Glykokollsalzes, so wird die Glykokollkonzentration nicht b, sondern $\alpha \cdot b$. Die obigen Gleichungen lauten somit:

$$K_a = \frac{[\text{H}]^{\cdot}\,\alpha \cdot b}{a - b} \quad \text{und} \quad K_b = \frac{\dfrac{K_w}{[\text{H}]^{\cdot}} \cdot \alpha \cdot b}{a - b}.$$

Über den Dissoziationsgrad der Glycylglycin- oder Glykokollsalze sind keine Bestimmungen ausgeführt. Im folgenden habe ich bei den Berechnungen von K_a die Werte des Dissoziationsgrades α für Natriumacetat und von K_b dieselben Werte für Ammoniumchlorid, als die ähnlichsten Fälle, benutzt. α ist aus den Werten **Kohlrauschs**[1]) mit Hilfe der Formel $\alpha = \dfrac{\lambda_v}{\lambda_\infty}$ berechnet.

In den folgenden Tabellen sind die Dissoziationskonstanten in zweierlei Weise berechnet, teils unter Anwendung der in der Tabelle gegebenen Werte von α, teils unter Annahme, daß $\alpha = 1$ ist.

Aus der Tabelle XVIII, die Reihe unter „$\alpha = 1$", geht hervor, daß die Werte von K_a mit wachsender Natriumhydroxydmenge kontinuierlich steigen, was auch unter der Voraussetzung, daß $\alpha = 1$, zu erwarten ist. Werden aber die Werte der Dissoziationskonstanten mit Anwendung der Werte von α berechnet, so sinken sie mit wachsender Natriumhydroxyd-

---

[1]) **Kohlrausch** und **Holborn**, Das Leitvermögen der Elektrolyte, 1898.

konzentration. In der Tabelle XVI, wo die Natriumionen-konzentration überall dieselbe und folglich α konstant ist, sinken oder steigen die Werte von K_a nicht. Die willkürlich gewählten Dissoziationsgrade α scheinen also nicht zu passen.

Tabelle XVIII[1]).

1. Glykokoll.

K_a bei 18^0.

Glykokollkonzentration $(a) = 40 \times 10^{-2}$.

Nr.	[NaOH] b $\times 10^2$	PH·	α für NaAc	$K_a \times 10^{10}$		
				$\alpha = \dfrac{\lambda_v}{\lambda_\infty}$	$\alpha = 1$	$\alpha = \dfrac{\lambda_v}{\lambda_\infty} \cdot \eta^2$
1	1	8,345	0,91	1,06	1,16	1,06
2	2	8,635	0,88	1,05	1,19	1,06
3	3	8,822	0,86	1,05	1,22	1,06
4	4	8,956	} 0,83	1,03	1,23	1,05
5	6	9,156		1,01	1,23	1,03
6	8	9,316	—	0,98	1,21	1,01
7	10	9,426	0,79	0,99	1,25	1,03
8	15	9,676	—	0,98	1,27	1,04
9	20	9,877	0,74	0,99	1,34	1,06
10	25	10,095	—	0,97	1,34	1,05
11	30	10,337	0,70	0,97	1,38	1,07
12	35	10,709	—	0,90	1,37	1,02

Tabelle XIX.

K_a bei 18^0.

Glykokollkonzentration $+$ NaOH-Konzentration $= 10 \times 10^{-2}$.

[Na]·-Konzentration überall $= 10 \times 10^{-2}$.

Nr.	[Glyk] a $\times 10^2$	[NaOH] b $\times 10^2$	$a - b$ $\times 10^2$	PH·	$K_a \times 10^{10}$	
					$\alpha = 0,79$	$\alpha = 1$
1	9,75	0,25	9,5	8,237	1,21	1,53
2	9,5	0,5	9,0	8,575	1,17	1,48
3	9,0	1,0	8,0	8,929	1,16	1,47
4	8,0	2,0	6,0	8,364	1,14	1,44
5	7,0	3,0	4,0	9,714	1,15	1,45
6	6,0	4,0	2,0	10,140	1,15	1,45
7	5,5	4,5	1,0	10,482	1,17	1,48

[1]) Die Berechnungen sind nach für einen anderen Zweck bestimmten Messungen des Herrn Cand. polyt. S. Palitzsch ausgeführt (s. „Enzymstudien II" S. 174; l. c.).

Tabelle XX.

K_b bei 18°.

Glykokollkonzentration $(a) = 40 \times 10^{-2}$.

Nr.	[HCl] b $\times 10^2$	p_H	α für NH_4Cl	$K_b \times 10^{12}$	
				$\alpha = \dfrac{\lambda_v}{\lambda_\infty}$	$\alpha = 1$
1	1	3,993	0,94	1,71	1,82
2	2	3,676	0,92	1,68	1,82
3	3	3,493	0,91	1,65	1,81
4	4	3,358	0,90	1,66	1,84
5	5	3,257	0,89	1,64	1,84
6	6	3,164	0,88	1,62	1,84
7	8	3,007	0,86	1,59	1,85
8	10	2,884	0,85	1,56	1,83
9	20	2,403	0,82	1,60	1,95
10	30	1,967	0,82	1,59	1,99

2. Glycylglycin.

Tabelle XXI.

K_a bei 18°.

Glycylglycinkonzentration $(a) = 20 \times 10^{-2}$.

Nr.	[NaOH] b $\times 10^2$	p_H	α für NaAc	$K_a \times 10^{-9}$		
				$\alpha = \dfrac{\lambda_v}{\lambda_\infty}$	$\alpha = 1$	$\alpha = \dfrac{\lambda_v}{\lambda_\infty} \cdot \eta^0$
1	2	7,478	0,88	3,3	3,70	3,3
2	4	7,813	0,85	3,3	3,84	3,3
3	6	8,054	0,82	3,1	3,79	3,2
4	8	8,240	0,80	3,1	3,84	3,2
5	10	8,398	0,79	3,1	3,90	3,2

Tabelle XXII.

K_b bei 18°.

Glycylglycinkonzentration $(a) = 20 \times 10^{-2}$.

Nr.	[HCl] b $\times 10^2$	p_H	α für NH_4Cl	$K_b \times 10^{-11}$	
				$\alpha = \dfrac{\lambda_v}{\lambda_\infty}$	$\alpha = 1$
1	2	4,119	0,92	0,95	1,04
2	4	3,763	0,90	0,95	1,05
3	6	3,534	0,88	0,93	1,06
4	8	3,333	0,86	0,90	1,04
5	10	3,152	0,85	0,88	1,03

Die Werte für K_a bei Glycylglycin verhalten sich ähnlich. In derselben Weise verhalten sich auch die Werte von K_b, sowohl für Glykokoll als auch für Glycylglycin, wenn auch die Differenzen hier nicht so groß sind (Tabelle XX und XXII). Man ist wohl kaum berechtigt anzunehmen, daß Glykokoll- oder Glycylglycinsalze in höherem Grade als Natriumacetat und Ammoniumchlorid dissoziiert sind.

Nach dem Rat von Prof. Arrhenius habe ich eine Korrektion für die Viscosität der Lösungen eingeführt. Die Viscosität der Glykokoll- und Glycylglycinlösungen habe ich gleich derjenigen von Natriumacetat gesetzt. Die Zahlen sind der Arbeit R. Reihers[1] entnommen und α nach der Formel

$$\alpha = \frac{\lambda_v}{\lambda_\infty} \cdot \eta^c$$

berechnet. η ist der Viscositätskoeffizient für die 1 n-Lösung des betreffenden Stoffes, wenn derselbe für Wasser gleich 1 gesetzt wird. c ist die Konzentration des Salzes.

In den Tabellen XVIII und XXI sind die Werte von K_a mit dieser Viscositätskorrektion zugleich angegeben, und wie zu sehen ist, werden die Werte von K_a unabhängig von der zugesetzten Natriumhydroxydmenge, also konstant.

In der Tabelle XXIII habe ich die wahrscheinlichsten Werte von K_a und K_b für Glykokoll und Glycylglycin und zum Vergleich auch die früheren Werte angegeben.

Tabelle XXIII.

K_a und K_b	Hier gefundene Werte		Frühere Werte		
	bei 18°	umgerechnet auf 25°	bei 17,5°	bei 25°	Autor
K_a für Glykokoll . .	$1{,}05 \times 10^{-10}$	—	—	$1{,}8 \times 10^{-10}$	Winkelblech[2]
K_a „ „ . .	—	—	$1{,}2 \times 10^{-10}$	—	Michaelis[3]
K_b „ „ . .	$1{,}7 \times 10^{-12}$	$2{,}7 \times 10^{-12}$	—	$2{,}7 \times 10^{-12}$	Winkelblech
K_b „ „ . .	—	—	$1{,}9 \times 10^{-12}$	—	Michaelis
K_a für Glycylglycin	$3{,}3 \times 10^{-9}$	—	—	$1{,}8 \times 10^{-8}$	Euler[4]
K_b „ „	$0{,}95 \times 10^{-11}$	$1{,}6 \times 10^{-11}$	—	2×10^{-11}	

[1] Reiher, Zeitschr. f. physikal. Chem. **2**, 750, 1888.
[2] Winkelblech, l. c.
[3] Michaelis, Biochem. Zeitschr. **49**, 248, 1913.
[4] Euler, l. c.

Die von Palitzsch ausgeführten Messungen geben etwas höhere Werte von K_a für Glykokoll, $1{,}2 \times 10^{-10}$. Möglicherweise kann dies durch Neutralsalzwirkung erklärt werden, denn die totale Natriumionenkonzentration bei seinen Versuchen war ja durchgehend größer als bei den meinigen.

K_a soll ein wenig mit der Temperatur steigen (vergleiche Lundéns oben zitierte Arbeit), und wenn man dies berücksichtigt, wird die Übereinstimmung zwischen den Werten Winkelblechs und den meinigen für Glykokoll noch besser werden. Meine Werte für K_a und K_b -und diejenigen von Michaelis stimmen ja sehr gut überein. K_a für Glycylglycin habe ich dagegen beträchtlich kleiner als Euler gefunden.

Weil die Dissoziationskonstante des Wassers K_w in der Berechnung von K_b eingeht, und diese sich mit der Temperatur beträchtlich ändert, von $0{,}72 \times 10^{-14}$ bei 18^0 bis $1{,}11 \times 10^{-14}$ bei 25^0 [1]), muß man diese Tatsache bei dem Vergleich der Werte von K_b ins Auge fassen. Auf 25^0 umgerechnet, stimmen ja meine Werte für K_v sehr gut mit den früher gefundenen überein.

Das gebrauchte Glykokollpräparat stammte von Kahlbaum her und war ganz rein.

Das Glycylglycin wurde aus Glycinanhydrid (Diketopiperazin), teils nach der Methode E. Fischers[2]) von Dr. E. Hammarsten synthetisiert, teils aus Präparaten von Kahlbaum in einer auf dem Carlsberg-Laboratorium ausgearbeiteten Weise hergestellt.

4 g Glycinanhydrid wurden in 200 ccm gesättigter Barytlösung gelöst und dann bei Zimmertemperatur so lange hingestellt (6 bis 8 Stunden), bis die Formoltitrierung einer Stichprobe anzeigte, daß gerade die Hälfte des Totalstickstoffs in Aminostickstoff verwandelt war. Das Bariumhydrat wurde mit Schwefelsäure genau ausgefällt, wonach die klare Lösung im Vakuum bis zu einigen ccm eingedampft wurde. Nach dem Titrieren wurde das Glycylglycin im Vakuumexsiccator

---

[1]) Sörensen, Enzymstudien II, l. c.
[2]) E. Fischer, Ber. d. Deutsch. chem. Ges. **34**, 2868, 1901.

auskrystallisieren gelassen. Zur Reinigung wurde es wieder in einem kleinen Volumen Wasser gelöst und mit Alkohol gefällt.

Meine Präparate enthielten 21,10 bis 21,13°/₀ Stickstoff. Der theoretische Wert ist 21,21°/₀.

C. Die Berechnung der Wasserstoffionenkonzentration in wässerigen Mischungen von Glycylglycin, Glykokoll und Natriumhydroxyd.

Die Spaltung von Glycylglycin in Glykokoll geschieht in folgender Weise:

$$\begin{array}{c} CH_2 \cdot NH_2 \\ | \\ CO \qquad OH \\ \cdots | \cdots\cdots + \cdots = 2\,NH_2 \cdot CH_2 \cdot COOH \\ NH \qquad H \\ | \\ CH_2 \cdot COOH \end{array}$$

Wenn K_a sowohl für Glycylglycin als auch für Glykokoll bekannt ist, kann man die Wasserstoffionenkonzentration in beliebigen Gemischen von diesen beiden Stoffen und Natriumhydroxyd berechnen.

Wir nehmen an, daß eine Glycylglycinlösung, deren Anfangskonzentration C ist, gespalten wird. Nach einer gewissen Zeit sei die Konzentration des unveränderten Glycylglycins a und die des gebildeten Glykokolls b. Zwischen a und b muß immer folgende Reaktion bestehen

$$c = a + \frac{b}{2} \quad \ldots \ldots \ldots \text{(I)}$$

Sei die Konzentration des Natriumhydroxyds n, die des Wasserstoffions h, k_1, K_a für Glycylglycin und k_2 K_a für Glykokoll.

Die Konzentrationen der dissoziierten bzw. undissoziierten Teile des Glycylglycins seien a_1, bezw. a_2, dieselben Größen für Glykokoll b_1, bzw. b_2. Wir nehmen weiter an, daß die Dissoziation der Natriumsalze vollständig ist. Folgende Gleichgewichte werden gleichzeitig bestehen:

Undiss. Glyk. . . . . $\rightleftharpoons$ . . diss. Glyk. $+$ H˙

Undiss. Glycylglyc. $\rightleftharpoons$ diss. Glycylglyc. $+$ H˙

Wir erhalten jetzt folgende Gleichungen:

$$h \cdot b_1 = k_2 \cdot b_2 \qquad \ldots \ldots \ldots \text{(II.)}$$
$$h \cdot a_1 = k_1 \cdot a_2 \qquad \ldots \ldots \ldots \text{(III.)}$$
$$a_1 + a_2 = a \qquad \ldots \ldots \ldots \ldots \text{(IV.)}$$
$$b_1 + b_2 = b \qquad \ldots \ldots \ldots \ldots \text{(V.)}$$
$$a_1 + b_1 = n \qquad \ldots \ldots \ldots \ldots \text{(VI.)}$$

Aus diesen fünf Gleichungen ist es möglich, wenn a, b, n, k_1 und k_2 bekannt sind, die fünf unbekannten a_1, a_2, b_1, b_2, und h zu berechnen. Dieser letztere Wert kann in folgender Weise bestimmt werden:

Aus III und IV wird erhalten

$$h \cdot a_1 = k_1 (a - a_1)$$

und aus II und V:

$$h \cdot b_1 = k_2 (b - b_1)$$

oder

$$a_1 = \frac{a \cdot k_1}{h + k_1}$$

und

$$b_1 = \frac{b \cdot k_2}{h + k_2}$$

Werden diese Werte in VI eingesetzt, bekommen wir:

$$n = \frac{a \cdot k_1}{h + k_1} + \frac{b \cdot k_2}{h + k_2} \qquad \ldots \ldots \ldots \text{(VII.)}$$

Diese Formel ist nur streng gültig, wenn $\alpha = 1$, eine Approximation, die wir hier vorgenommen haben.

Aus der Formel VII können wir h bestimmen:

$$h = \frac{k_1 (a - n) + k_2 (b - n)}{2 n} +$$

$$\pm \sqrt{\left[\frac{k_1 (a - n) + k_2 (b - n)}{2 n}\right]^2 + \frac{k_1 k_2 \cdot (a + b - n)}{n}} \qquad \text{(VIII.)}$$

Für $a = o$ wird $h = \dfrac{b - n}{n} k_2 \qquad \ldots \ldots \ldots \text{(IX.)}$ und

für $\ldots$ $b = o$ wird $h = \dfrac{a - n}{n} k_1 \qquad \ldots \ldots \ldots \text{(X.)}$

Um zu kontrollieren, wie diese Formel mit der Wirklichkeit übereinstimmt, machte ich einige Wasserstoffionenkonzentrationsmessungen in solchen Mischungen von Glycylglycin, Glykokoll und Natriumhydroxyd, daß immer $C = a + \dfrac{b}{2}$ war.

Dies ist ja natürlich der Fall bei einer kontinuierlichen Spaltung von Glycylglycin. Die Konzentrationen der Komponenten sind in Tabelle XXIV unter a, b und n angegeben. π bedeutet die abgelesene elektromotorische Kraft der Gaskette, und unter p_H ist der Logarithmus mit negativem Vorzeichen der Wasserstoffionenkonzentration angegeben.

Bei der theoretischen Berechnung von h ist angenommen worden, daß $\alpha = 1$, und folglich sind die entsprechenden Werte von k_1 und k_2 angewendet worden.

In der Tabelle XXIV, Nr. 1—6 ist n konstant gehalten, während a und b variiert worden sind, in Nr. 7—9 entgegengesetzt. In sämtlichen Fällen stimmen ja die beobachteten und die berechneten Werte sehr gut überein.

Tabelle XXIV

bei 18°.

| Nr. | Konz. $\times 10^2$ von | | | Die abgelesene elektromotorische Kraft | p_H | |
| | Glycylglycin | Glykokoll | NaOH | | Beobachtet | Berechnet |
	a	b	n	π		
1	10	0	4	0,8147	8,213	8,224
2	8	4	4	0,8244	8,395	8,395
3	6	8	4	0,8351	8,579	8,610
4	4	12	4	0,8531	8,903	8,886
5	2	16	4	0,8665	9,154	9,097
6	0	20	4	0,8845	9,445	9,398
7	4	12	1	0,7952	7,878	7,875
8	4	12	2	0,8181	8,272	8,298
9	4	12	4	0,8531	8,903	8,886

Aus dieser Tabelle kann folgende wichtige Schlußfolgerung gezogen werden:

Bei einer Spaltung von Glycylglycin in alkalischer Lösung, wo die Konzentrationen der Komponenten in diesem Verhältnis zu einander stehen, steigt p_H (sinkt die Wasserstoffionenkonzentration) kontinuierlich mit etwa 0,12, für je 10 % des Glycylglycins, welches gespalten wird. Am Ende der Reaktion ist also p_H 1,2 höher als im Anfang.

Eine einfache Rechnung ergibt, daß auch für eine beliebige Anfangskonzentration des Glycylglycins, wenn nur p_H im Anfang der Reaktion zwischen 7 und 8 liegt, ungefähr dasselbe Resultat erhalten wird.

Die enzymatischen Spaltungen werden in der Regel bei höheren Temperaturen, 35 bis 45^0 vorgenommen, und k_1 und k_2 verändern sich mit der Temperatur. Die Analysen in vorliegender Arbeit, sowohl von dem freigemachten Aminostickstoff als auch von der Wasserstoffionenkonzentration, sind indessen immer bei Zimmertemperaturen ausgeführt worden.

Im folgenden werde ich zeigen, welchen Einfluß Veränderungen in der Wasserstoffionenkonzentration auf die enzymatische Spaltung von Glycylglycin haben. Das Ideal wäre, ein solches Substrat zu haben, daß die Wasserstoffionenkonzentration sich während der Spaltung nicht veränderte. Für ein solches Dipeptid müssen zwei Bedingungen gelten. Zuerst sollen die Werte von h in den Gleichungen IX und X gleich sein, was wohl immer möglich ist, wenn man nur a, b und n passend wählt. Die andere Bedingung ist, daß dieser Wert von h eine solche Größe hat, daß die Enzymwirkung nicht gehemmt wird. Diese Bedingung ist jedoch schwerer zu erfüllen, und es ist fraglich, ob es überhaupt möglich ist, ein solches Dipeptid zu synthetisieren.

Wenn wir $b = 2\,a$ setzen, geben die Gleichungen IX und X

$$\frac{k_1}{k_2} = \frac{2\,a - n}{a - n} \quad \text{oder} \quad a = \frac{k_1 - k_2}{k_1 - 2\,k_2}\,n$$

und wenn $k_1 > 2\,k_2$, können a und n immer so gewählt werden, daß die Gleichung erfüllt wird. Substituieren wir diesen Wert von a in X z. B. bekommen wir:

$$h = \frac{k_1\,k_2}{k_1 - 2\,k_2}$$

Bei diesen Konzentrationen von a und n verändert sich also die Wasserstoffionenkonzentration während der Spaltung nicht. Berechnen wir aber h mit den oben gefundenen Werten von k_1 und k_2, so wird

$$h = 1{,}09 \cdot 10^{-10}.$$

Bei dieser Wasserstoffionenkonzentration können jedoch weder die Hefenereptase noch das Darmerepsin wirken, sie werden in einer solchen Flüssigkeit sofort zerstört.

D. Herstellung der Enzympräparate.

Hefenereptase. Ich habe dasselbe Verfahren, das im Kap. III A beschrieben ist, benutzt.

Ich habe bei den folgenden Versuchen hauptsächlich vier Präparate gebraucht, die in den Tabellen mit Enzym a, b, c oder d bezeichnet sind.

a (aus Hefe von der Carlsberger Brauerei) enthielt 0,9 mg Totalstickstoff per ccm, b, c und d, (aus Hefe der St. Erik-Brauerei zu Stockholm) 0,8 mg, bzw. 0,9 und 1,2 mg.

Darmerepsin. Die Erepsinpräparate waren aus den Dünndärmen von Schweinen unmittelbar nach dem Schlachten hergestellt. Ca. 20 m Darm wurden mit Wasser durchgespült, in kleinere Stücke zerschnitten und geöffnet. Die innere Darmschleimhaut wurde mit einem scharfen Glasstück abgeschabt und die so erhaltene Masse in einer Schale mit Sand zerrieben.

Hiernach habe ich zum Ausziehen des Enzyms zwei verschiedene Methoden versucht.

Nach dem Verfahren von Rice[1]) wurde die oben erwähnte Masse mit 250 ccm 0,1 % Natriumcarbonatlösung bei ca. 30° unter häufigem Schütteln drei Tage stehen gelassen. Als Antisepticum wurde Toluol oder Chloroform gebraucht. Dann wurde die Mischung durch ein Siebtuch gepreßt und die trübe Suspension mehrmals durch Faltenfilter filtriert. Zum Filtrat wurde so viel Essigsäure zugetröpfelt, daß die Acidität etwa $p_H = 5,5$, aber nicht weniger, entsprach, worauf Eiweiß- und Fettkörper zu Boden fielen und abfiltriert wurden. Das klare Filtrat wurde dann wie vorher dialysiert.

Nach Euler[2]) wurde ein Teil mit Glycerin extrahiert, und zwar in folgender Weise. Zu der mit Sand zerriebenen Masse wurden 250 ccm Glycerin zugesetzt und die Mischung drei Tage bei Zimmertemperatur sich selbst überlassen. Dann wurde sie wie oben abgepreßt, mit Essigsäure ein wenig sauer gemacht und filtriert.

Dann wurden die beiden klaren Filtrate in ganz analoger Weise wie bei der Hefenereptase unter vermindertem Druck fünf Tage lang dialysiert. Die zurückgebliebenen klaren Lösungen, die keine Krystalloide (und kein Glycerin) und keinen Aminostickstoff mehr enthielten, wurden dann mit Wasser verdünnt, so daß gleiche Teile der Lösungen etwa der gleichen Darm-

[1]) Rice, Journ. Amer. Chem. Soc. 37, 1319, 1915.
[2]) Euler, Zeitschr. f. physiol. Chem., 51, 213, 1907.

schleimhautmasse entsprachen. In der folgenden Zusammenstellung sind unter N der Totalstickstoff in mg pro ccm, unter K die monomolekularen Reaktionskonstanten (siehe unten) bei der Spaltung von gleichen Glycylglycinlösungen mit gleichen Teilen Enzympräparat angegeben (10 ccm 0,4 n-Glycylglycin $+$ 4 ccm $^n/_5$ KOH $+$ 10 ccm Enzymlösung $+$ Wasser $= 100$ ccm, $p_{H\cdot} = 7,8$; $t = 38^0$) und K/N stellt das Verhältnis dieser beiden Größen dar, d. h. das Spaltungsvermögen pro mg Stickstoff des Enzympräparats.

	N	1000. K	1000. K/N
Erepsin I	0,92 mg	56	61
„ II	0,28 „	44	157

Aus dieser Übersicht wird ersichtlich, daß das Enzym zu einem größeren Betrag von einer Sodalösung als von Glycerin extrahiert wird, aber die **Reinheit** des Präparats in bezug auf Eiweißstoffe ist im letzteren Falle viel größer. **Die Methode** von **Euler** scheint also vorteilhafter zu sein.

Ich habe vielerlei Fällungsmethoden geprüft, mit Ätheralkohol, Aceton usw., aber das proteolytische Vermögen der so gewonnenen Präparate war stets geringer als das entsprechénde der ursprünglichen Lösung.

Daher sehe ich es als das Zweckmäßigste an, immer mit diesem dialysierten Enzympräparate zu arbeiten, besonders weil man ja nicht die chemische Zusammensetzung des Enzyms kennt und daher doch nicht zu einer rationellen Reindarstellung gelangen kann.

Was die Haltbarkeit dieser Präparate (die der Hefenereptase sowie die des Darmerepsins) betrifft, so war sie für beide Stoffe ungefähr die gleiche. Zu bemerken ist, daß gleichzeitig mit der Abnahme des proteolytischen Vermögens das Präparat eine Spaltung erleidet, wobei fortwährend formoltitrierbarer Stickstoff gebildet wird.

E. Versuchsméthodik.

Sämtliche Versuche sind bei 38^0 mit einer Differenz in maximo von $0,2^0$ ausgeführt worden.

Die Versuchsflüssigkeit wurde in kleine mit Baumwollepfropfen verstopfte und mit Bleigewichten versehene Erlen-

meyerkolben gebracht und in einen Wasserthermostat gesenkt.
Oben in jeder Tabelle ist die Zusammensetzung der Flüssig-
keitsmischung angegeben, so z. B. „10 ccm 0,4 n-Glycylglycin
+ 4 ccm $n/_5$-NaOH + 5 ccm Enzymlösung (d) + Wasser =
100 ccm". Als Antisepticum wurden einige Tropfen Chloroform benutzt; es zeigte sich aber, daß dieser Stoff gar keinen
Einfluß auf die Spaltungsgeschwindigkeit ausübte.

Die Zusammensetzung der Flüssigkeit war so gewählt, daß
die Spaltung mäßig langsam vor sich ging und deshalb ein
Fehler von einigen Minuten in der Bestimmung der Verdauungszeit keine Rolle spielte.

Die Enzymlösung wurde immer erst dann zugesetzt, wenn
die übrige Lösung die Temperatur des Thermostaten angenommen hatte. Von dieser Zeit an ist die Versuchszeit ge-
rechnet.

Als das sicherste Maß der Geschwindigkeit der Verdauung
ist die Spaltung von Peptidbindungen, und dadurch die Bildung
freier Aminogruppen, anzusehen. In den folgenden Versuchen
habe ich immer die Sörensensche Formoltitrierungsmethode[1])
angewendet und werde in wenigen Worten den hauptsächlich-
sten Gang dieser Analysen referieren.

Wenn keine Phosphorsäure in der Probe vorhanden war,
wurden nach den in den Tabellen angegebenen Zeiten 10, 15
oder 20 ccm (je nach der Menge Stickstoff) mit einer Pipette
herausgenommen, auf 20 ccm verdünnt und gegen Lackmuspapier mit $n/_5$-Salzsäure so genau wie möglich neutralisiert.
10 ccm einer vorher mit Natronlauge neutralisierten Formolmischung (50 ccm käufliches Formaldehyd + 1 ccm Phenolphthaleinlösung [0,2 g + 50 ccm Wasser + 50 ccm Alkohol] +
Natronlauge) wurden zugesetzt und dann die Probe unter Vergleich mit einer nur kohlensäurefreies Wasser und Formolmischung enthaltenden Kontrollösung mit $n/_5$-Natronlauge bis
auf starke Rotfärbung titriert.

Wenn Phosphorsäure anwesend ist, muß man diese erst
wegschaffen. Die Analysen sind hier in folgender Weise ausgeführt worden. Aus jeder Probe wurden 15 ccm der Flüssig-

---

[1]) Jessen-Hansen, Die Formoltitration; Abderhaldens Handbuch d. biochem. Arbeitsmethoden 6, 270.

keit herausgenommen und in einen Meßkolben von 50 ccm gebracht, 2 g krystallisiertes Bariumchlorid, 1 ccm Phenolphthaleinlösung und soviel gesättigte Bariumhydratlösung, daß eine scharfe rote Farbe erreicht wurde, wurden zugesetzt und Wasser bis zur Marke aufgefüllt. Nach einer halben Stunde war die Phosphorsäure als Bariumsalz ausgefällt. Von der überstehenden klaren, roten Flüssigkeit wurden 40 ccm, 12 ccm der ursprünglichen Lösung entsprechend, genommen, mit $n/_5$-Salzsäure gegen Lackmuspapier wie oben neutralisiert, die Formolmischung zugesetzt und dann mit $n/_5$-Natronlauge titriert.

Man kann gut auf 0,05 ccm ablesen, aber da 0,05 ccm $n/_5$-Natronlauge in vielen Tabellen $2\,^0/_0$ des totalen Stickstoffs entspricht, sind in diesen Fällen die Resultate unter der Rubrik „$^0/_0$ N" nur in ganzen Prozenten angegeben.

Die Bestimmungen des Totalstickstoffes sind immer nach Kjeldahl ausgeführt, und zwar mit den ursprünglichen Kjeldahlschen Versuchsanordnungen.

Was die Bestimmungen der Wasserstoffionenkonzentrationen betrifft, so sind sie in dieser Arbeit immer nach der Sörensenschen colorimetrischen Methode, und zwar mit Versuchsanordnungen, die genaue Kopien der Sörensenschen waren, ausgeführt worden. Da die Spaltungen in einem Intervalle von $p_H = 6,5$ bis $p_H = 8,5$ vor sich gingen, habe ich als Vergleichsflüssigkeiten in den meisten Fällen Mischungen von $m/_5$ primärem Kaliumphosphat und sekundärem Natriumphosphat, und als Indicatoren p-Nitrophenol, Neutralrot, Naphtholphthalein und Phenolphthalein hauptsächlich gebraucht.

Da die Proben etwas gefärbt und in einigen Fällen trübe waren, habe ich zu den Vergleichslösungen einige Tropfen Tropäolin 00, Bismarckbraun oder eine Suspension neutralen gefällten Bariumsulfats zusetzen müssen.

F. Verlauf der Spaltungskurven bei verschiedener und veränderlicher Wasserstoffionenkonzentration.

In der Tabelle XXV und Fig. 16 sind die Resultate einiger Spaltungen vom Glycylglycin mit Hefenereptase angegeben.

Tabelle XXV

10 ccm 0,4 n-Glycylglycin $+$ $n/_5$-NaOH $+$ 10 ccm Enzymlösung (Hefenereptase b) $+$ Wasser $= 100$ ccm. $t = 38^0$

Nr.	1		2		3		4		5	
ccm NaOH:	1		2		4		8		10	
p_H im Anfang:	7,14		7,47		7,82		8,24		8,42	
Stunden	$^0/_0$ N	K	$^0/_0$ N	K	$^0/_0$ N	K	$^0/_0$ N	K	$^0/_0$ N	K
0	0	—	0	—	0	—	0	—	0	—
1	25	0,289	31	0,372	35	0,432	28	0,330	25	0,289
2	53	0,379	59	0,448	59	0,448	47	0,319	39	0,250
3	72	0,425	78	0,499	72	0,425	59	0,298	50	0,231
5	94	0,564	91	0,483	81	0,333	72	0,256	59	0,178
24	(100)	—	(100)	—	(100)	—	91	—	72	—

Die Versuche sind übrigens einander gleich, nur die zugesetzte Natriumhydroxydmenge ist verschieden. Infolge dieses Zusatzes werden auch die in der Tabelle unter p_H angegebenen Anfangskonzentrationen der Wasserstoffionen verschieden. Unter K ist die monomolekulare Reaktionskonstante $K = \dfrac{1}{t} \ln \dfrac{a}{a-x}$ berechnet. Die Reaktionsgeschwindigkeit wird hier nach Ostwald gleich der mittleren Geschwindigkeit gesetzt, für die Zeit während welcher vom Anfang der Reaktion bis zur Zeit t x-$^0/_0$-Stickstoff freigemacht worden sind. In der Fig. 16 sind die Prozente freigemachten Aminostickstoffs als Ordinate und die dazu gehörende Zeit in Stunden als Abszisse gewählt.

Aus der Tabelle geht hervor, daß die optimale Wasserstoffionenkonzentration für die Enzymreaktion etwa bei $p_H = 8$ liegt.

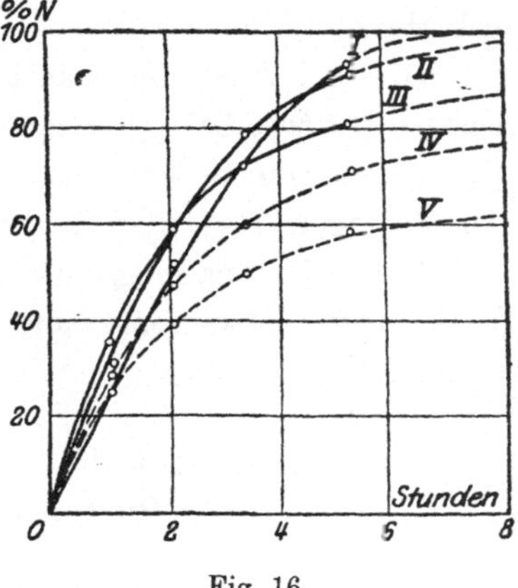

Fig. 16.

Wir müssen jedoch in Betracht ziehen, daß für eine Anfangskonzentration der Wasserstoffionen, wo p_H zwischen 7 und 8 liegt, sich die Wasserstoffionenkonzentration um ungefähr

0,12 in p_H verändert, für je $10\,^0/_0$ von Glycylglycin, das gespalten wird.

Ein Blick auf die Tabelle zeigt, daß eine Ermittelung der optimalen Wasserstoffionenkonzentration auf diese Weise unmöglich ist. Denn nach dieser würde sie nach 2 Stunden eine ganz andere als nach 4 Stunden sein. Hierzu muß man die Wasserstoffionenkonzentration während der Reaktion konstant halten. Wie die Kurven sich da gestalten, wird im Abschnitt H näher besprochen werden.

Es ist auffallend, wie verschieden der Lauf der Kurven je nach der Anfangskonzentration der Wasserstoffionen sich gestaltet. Man sieht sofort, daß es unmöglich ist, alle diese Kurven mit einer gemeinsamen Formel auszudrücken, denn sie schneiden ja sogar einander. Bei I und II steigen die Werte von K, und bei III bis VI sinken sie. Und nun versteht man die verschiedenen Angaben von Abderhalden und Euler. Der erstere hat kein Alkali zugesetzt, seine Versuche gleichen deshalb I bis III. p_H im Anfang dürfte etwa bei 7,0 liegen. Je weiter die Spaltung geht, um so alkalischer wird die Flüssigkeit, und um so mehr wird dadurch von dem Enzyme dissoziiert. Und dann kann man erwarten, daß K steigt, was ja auch der Fall ist.

Euler hat so viel Alkali zugesetzt, daß die Anfangskonzentration etwa bei $p_H = 8,5$ liegt. Und wie man aus V und VI, welche seinen Versuchen entsprechen, sieht, sinkt K sehr schnell gegen Ende der Reaktion.

Wie die Spaltungskurven sich bei konstant gehaltener Wasserstoffionenkonzentration gestalten, werde ich unten im Abschnitt H zeigen.

G. Das Verhalten der beiden Enzyme gegenüber „Puffermischungen".

Wie früher gesagt, ist es, um reaktionskinetische Untersuchungen anzustellen, eine conditio sine qua non, die Wasserstoffionenkonzentration während der Reaktion konstant zu halten. Dies kann dadurch erreicht werden, daß man einen sogenannten „Puffer" zusetzt, der die entstehende freie Sär eubzw.

das Alkali abstumpft. Als Puffer sind Mischungen von sekundärem Natriumphosphat, Na_2HPO_4, $2 H_2O$ und primärem Kaliumphosphat, KH_2PO_4, gebraucht worden[1]). Eine einfache Rechnung
ergibt, daß, wenn man die Wasserstoffionen in einer Lösung,
die 0,04 normal in bezug auf Glycylglycin ist, bei $p_H = 7,8$,
was dem Wirkungsoptimum der Enzyme entspricht, konstant
auf 0,1 in p_H halten will, die Flüssigkeit wenigstens 0,04 molar
in bezug auf Phosphat sein muß.

In der Tabelle XXVI sind zwei Versuche mit Hefenereptase
angegeben, in a ist kein Phosphat zugesetzt, die Wasserstoffionenkonzentration verändert sich da während der Spaltung,
in b ist Phosphat zugesetzt und p_H konstant auf 7,8 gehalten.

Tabelle XXVI.

Hefenereptase.

a) 10 ccm 0,4 n-Glycylglycin $+$ 4 ccm $^n/_5$-NaOH $+$ 10 ccm Enzym
(a) $+$ Wasser $=$ 100 ccm.

b) Dasselbe $+$ 18,2 ccm $^m/_5$-sek. $+$ 1,8 ccm $^m/_5$-prim. Phosphat $=$
100 ccm. $t = 38°$.

Verdauungs-zeit in Stunden	a		b	
	$°/_0$ N	p_H	$°/_0$ N	p_H
0	0	7,8	0	7,8
$2^1/_2$	30	—	36	7,8
5	42	—	62	7,8
9	58	—	79	7,8
13	66	8,6	95	7,8
26	—	—	(100)	7,8

Scheinbar hat das Phosphat eine günstige Einwirkung aus-
geübt oder nach der alten Nomenklatur das Enzym „aktiviert".
Aber wenn man die Veränderungen in der Wasserstoffionenkonzentration in Betracht zieht, ist es leicht verständlich, daß
es sich im Falle a um eine Dissoziationserscheinung (und vielleicht auch um eine Enzymstörung) handelt. Und das Verhalten desselben Enzyms war in allen untersuchten Fällen dasselbe. Man ist daher berechtigt, festzustellen, daß die Phosphatmischung in dieser Konzentration keinen hemmenden Einfluß auf das Enzym hat.

---

[1]) Sörensen, Enzymstudien II, l. c.

Beim Darmerepsin war die Sache indessen eine ganz andere. In den Tabellen XXVII und· XXVIII sind zwei ganz analoge Versuche wie in der Tabelle XXVI angegeben.

Tabellen XXVII und XXVIII.

Darmerepsin.

a) 10 ccm 0,4 n-Glycylglycin $+$ 4 ccm $^n/_5$-NaOH $+$ 20 ccm Erepsin (d) $+$ Wasser $=$ 100 ccm.

b) Dasselbe $+$ 18,2 ccm $^m/_5$ sek. $+$ 1,8 ccm $^m/_5$ prim. Phosphat $=$ 100 ccm. $t = 38^0$.

Tabelle XXVII.   Tabelle XXVIII.

Verdau-ungszeit in Stunden	a		b		Verdau-ungszeit in Stunden	a		b	
	$^0/_0$ N	p_H	$^0/_0$ N	p_H		$^0/_0$ N	p_H	$^0/_0$ N	p_H
0	0	7,8	0	7,8	0	0	7,8	0	7,8
3	12	—	9	—	2	12	—	7	—
8	32	—	14	—	7	32	—	—	—
21	65	8,4	24	7,8	24	76	8,6	26	7,8

Aus den Tabellen geht klar hervor, daß die „Puffermischung" eine stark hemmende Wirkung auf das Enzym ausübt.

In einer Arbeit gibt Kobzarenko[1]) an, daß bei Spaltungen von Pepton mit Darmerepsin verschiedene anorganische Ionen eine mehr oder weniger ausgeprägte hemmende Wirkung auf das Enzym haben. So sollten z. B. Natriumionen eine hemmende Wirkung. Kalium- und Phosphationen dagegen keine Wirkung haben.

Tabelle XXIX.

a) 10 ccm 0,4 n-Glycylglycin $+$ 4 ccm $^n/_5$-KOH $+$ 10 ccm Erepsin (I) $+$ Wasser $=$ 100 ccm.

b) Dasselbe $+$ 20 ccm $^m/_5$-Kaliumphosphat $=$ 100 ccm. $t = 38^0$.

Verdauungs-zeit in Stunden	a		b	
	$^0/_0$ N	p_H	$^0/_0$ N	p_H
0	0	7,8	0	7,8
$3^1/_2$	19	—	20	—
11	56	—	41	—
21	75	8,5	52	7,8

Um dieses zu untersuchen, machte ich einige Versuche, in denen ich anstatt Natronlauge und sekundären Natriumphosphats

---

[1]) Kobzarenko, diese Zeitschr. 66, 344, 1914.

Kalilauge und Kaliumphosphat, und zwar in denselben Konzentrationen, gebrauchte. Tabelle XXIX zeigt einen solchen Versuch.

Wenn die Versuche in Tabelle XXVII und XXVIII und Tabelle XXIX auch nicht direkt vergleichbar sind, weil die Enzympräparate nicht dieselben waren, so sind die Resultate doch unzweideutig. Die Hemmung kann nicht durch die Natriumionen erklärt werden.

Man könnte möglicherweise einwenden, daß, wenn das Wirkungsoptimum des Erepsins nicht wie bei der Hefenereptase bei $p_H = 7,8$, sondern bei einem höheren Wert von p_H liege, auch die Hemmung erklärlich wäre. Aber im nächsten Abschnitt soll gezeigt werden, daß dies nicht der Fall ist.

Man kann also nur feststellen, daß in dem Verhalten gegenüber dem „Puffer" ein großer Unterschied zwischen diesen beiden Enzymen vorliegt. Im Abschnitt K soll diese Frage näher besprochen werden.

H. Die optimale Wasserstoffionenkonzentration der Hefenereptase und des Darmerepsins.

1. Hefenereptase.

Um die optimale Wasserstoffionenkonzentration der Enzymtätigkeit genau zu ermitteln, habe ich einige Spaltungsversuche ausgeführt, wo die Wasserstoffionenkonzentration durch Zusatz von „Puffer" während der Reaktion konstant gehalten wurde. Die Versuchsflüssigkeiten hatten die folgende Zusammensetzung: 10 ccm 0,4 n-Glycylglycin $+ z$ ccm $^n/_5$-Natronlauge $+ 5$ ccm Enzymlösung (b) $+ 20$ ccm $^m/_5$-Phosphat (s ccm $Na_2HPO_4, 2H_2O = p$ ccm KH_2PO_4) $+$ destilliertes Wasser $= 100$ ccm. Die Werte von z, s und p, welche die Wasserstoffionenkonzentration bestimmen, sind in der Tabelle zu sehen.

In Fig. 17 sind die Ergebnisse der Tabelle XXX graphisch dargestellt. Als Ordinate ist die Menge freigemachter Stickstoff, als Abszisse die zugehörige Zeit gewählt.

In der Tabelle ist unter „K" die monomolekulare Reaktionskonstante berechnet. Die Kurven verlaufen ziemlich nach der Formel, wenigstens in Nr. 1 bis 4. In Nr. 4 und 5 sinkt die Konstante, aber dies rührt wahrscheinlich davon her, daß der

„Puffer" hier die Wasserstoffionenkonzentration nicht konstant zu halten vermag. Selbstzerstörung des Enzyms spielt hier auch eine größere Rolle.

Tabelle XXX.

10 ccm 0,4 n-Glycylglycin $+$ 5 ccm Enzym (b) $+$ z ccm $^{n}/_{5}$-NaOH $+$ 20 ccm Phosphat $+$ Wasser $=$ 100 ccm.

$$t = 38^0.$$

Nr.		1		2		3		4		5
z:		0		2		4		6		8
$s+p$:		$10+10$		$16,4+3,6$		$18,4+1,6$		$19,0+1,0$		$19,5+0,5$
$p_H\cdot$:		6,80		7,47		7,82		8,00		8,24
	$^0/_0$ N	K	$^0/_0$ N	K	$^0/_0$ N	K	$^0/_0$ N	K	$^0/_0$ N	K
Verdauungszeit in Stunden 0	0	—	0	—	0	—	0	—	0	—
$^3/_4$	—	—	28	0,45	41	0,70	38	0,64	34	0,55
$1^1/_2$	18	0,13	50	0,46	68	0,76	59	0,52	52	0,54
3	36	0,14	82	0,55	91	0,80	82	0,55	75	0,46
$4^1/_2$	53	0,17	92	0,56	(100)	—	91	0,53	79	0,35
6	68	0,18	(100)	—	—	—	95	0,50	82	0,31

Wenn man, wie Sörensen für andere Enzymreaktionen angegeben hat, diejenige Zeit, bei der ein gewisser Teil des Substrates bei einer bestimmten Wasserstoffionenkonzentration ge-

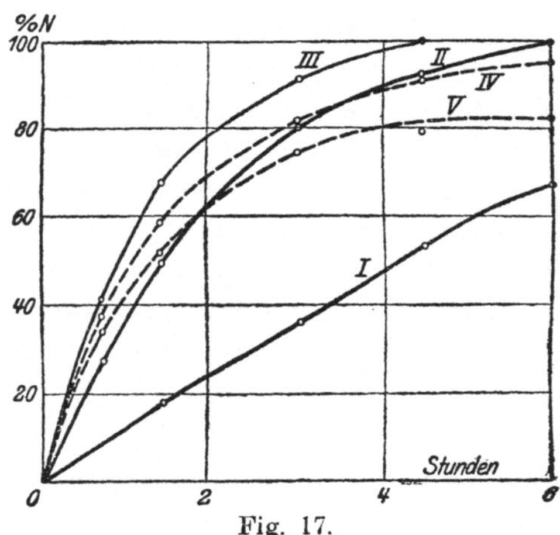

Fig. 17.

spalten ist, als Ordinate und die zugehörige $p_H\cdot$ als Abszisse in ein Diagramm einträgt, erhalten wir Kettenkurven, deren Minimum die optimale Wasserstoffionenkonzentration darstellt.

Für die Fig. 18 habe ich die Zeit aus der Fig. 17 entnommen, wo 50 bzw. 75 $^0/_0$ des Glycylglycins gespalten waren.

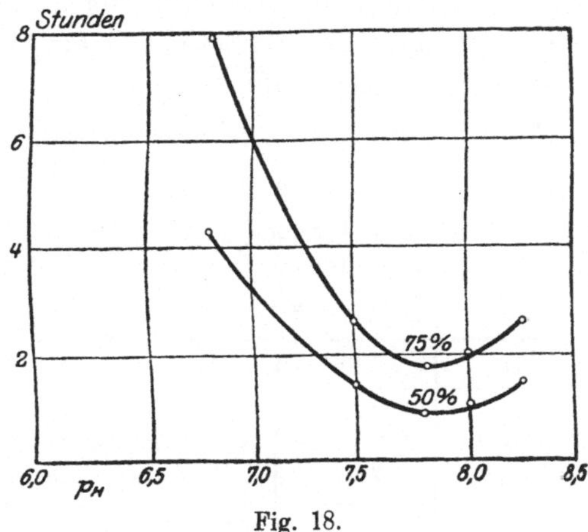

Fig. 18.

Diese Figur zeigt, daß die optimale Wasserstoffionenkonzentration für die Tätigkeit der Hefenereptase bei $p_H = 7,8$ liegt.

2. Darmerepsin.

Im vorigen Abschnitt ist gezeigt worden, daß dieses Enzym durch den Zusatz der „Puffer"mischung gehemmt wird. Trotzdem sind hier von mir einige Versuche mit „Puffer"zusatz angestellt worden, was, um die optimale Wasserstoffionenkonzentration bei dieser Enzymwirkung zu ermitteln, notwendig ist. In der Tabelle V sind diese angegeben. Die Versuchsanordnungen sind schon besprochen worden.

Die Tabelle XXXI und die Fig. 19 und 20 entsprechen ganz derjenigen der Hefenereptase.

Bei der Hefenereptase lag die optimale Wasserstoffionenkonzentration bei $p_H = 7,8$, beim Darmerepsin scheint sie etwas höher, aber nur um einige Zehntel in bezug auf p_H zu liegen.

Wenn man, wie Rona und Arnheim[1]) für die Erepsinspaltung von Witte-Pepton angegeben haben, als Ordinate φ / Φ, wo Φ die willkürlich gewählte Enzymmenge bei optimaler Wasserstoffionenkonzentration und φ diejenige bei einer anderen wirksamen Enzymmenge bedeutet, bekommen wir die

---

[1]) Rona und Arnheim, Biochem. Zeitschr. 57, 84, 1913.

Dissoziationskurve des Enzyms im Sinne Michaelis. Das Verhältnis φ/Φ kann ja nicht direkt ermittelt werden, aber φ und Φ sind ja den Zeiten t und T umgekehrt proportional, die erforderlich sind, um dieselbe Substratmenge bei optimaler (T) und einer anderen (t) Wasserstoffionenkonzentration zu spalten, und diese können wir aus den Fig. 18 und 20 ablesen.

Tabelle XXXI.

10 ccm 0,4 n-Glycylglycin $+ z$ ccm $^n/_5$-KOH $+$ Kaliumphosphat (s ccm sek. $+ p$ ccm prim.) $+ 10$ ccm Erepsin (I) $+$ Wasser $= 100$ ccm.

$t = 38^0$.

Nr.	1		2		3		4		5	
z:	0		2		4		6		8	
$s + p$:	$10 + 10$		$8,2 + 1,8$		$9,3 + 0,7$		$9,5 + 0,5$		$9,7 + 0,3$	
p_H.:	6,82		7,47		7,82		8,00		8,24	
Verdauungszeit in Stunden	$^0/_0$ N	K	$^0/_0$ N	K	$^0/_0$ N	K	$^0/_0$ N	K	$^0/_0$ N	K
0	0	—	0	—	0	—	0	—	0	—
$3^1/_2$	6	0,016	10	0,030	16	0,051	16	0,051	13	0,041
11	19	0,018	31	0,032	47	0,057	44	0,051	39	0,042
21	37	0,016	52	0,032	70	0,057	57	0,041	47	0,030
45	—	—	—	—	(94	0,062)	—	—	—	—

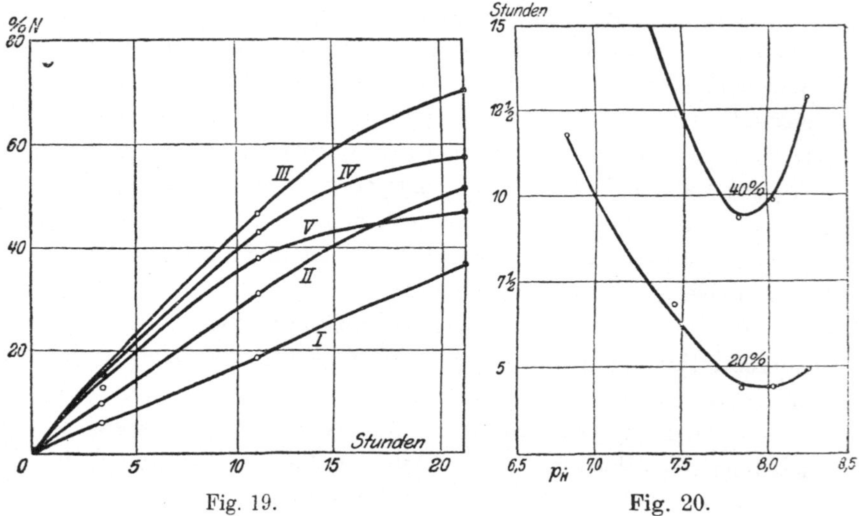

Fig. 19.   Fig. 20.

Die Dissoziationskonstanten für die beiden Enzyme, vorausgesetzt, daß es die Anionen sind, die katalytisch wirken, liegen beide etwa bei 10^{-7}

Man muß jedoch immer in Erwägung ziehen, daß, wie früher gesagt ist, das Erepsin nicht völlig dissoziiert ist, sondern auf irgendeine Weise von dem „Puffer" gehemmt ist. Übrigens sind die Versuchsfehler von solchen relativen Größen, daß man die Dissoziationskonstanten der Enzyme kaum genau bestimmen kann. Ich habe daher die Dissoziationskurven der Enzyme in dieser Arbeit nicht mitaufgenommen. Meine Versuche geben ja einen Wert der Konstante für Erepsin von ca. 10^{-7} an, und dies stimmt ja nur ungefähr mit den von Rona und Arnheim angegebenen, 10^{-6}.

Im Kap. III Abschn. D habe ich die Beziehung zwischen optimaler Wasserstoffionenkonzentration und optimaler Temperatur für die Tätigkeit des Darmerepsins behandelt. Ebenso wie Compton für die Maltase und Palitzsch und Walbum für das Trypsin (siehe dort) gefunden haben, konnte ich zeigen, daß die optimale Wasserstoffionenkonzentration mit steigender Temperatur sich gegen die saure Seite hin verschiebt.

Bei Versuchen, die ich hier nicht veröffentliche, konnte ich dies bestätigen, auch was die Hefenereptase betrifft, jedoch allerdings nicht in so hohem Grade, wie die genannten Autoren gefunden haben. So z. B. lag das Optimum der Wasserstoffionen

$$\text{für } 16^0 \text{ bei } p_{\mathrm{H}\cdot} = 8{,}1,$$
$$\text{„ } 26^0 \text{ „ } p_{\mathrm{H}\cdot} = 8{,}0,$$
$$\text{„ } 38^0 \text{ „ } p_{\mathrm{H}\cdot} = 7{,}8,$$
$$\text{„ } 44^0 \text{ „ } p_{\mathrm{H}\cdot} = 7{,}6.$$

Wie dies zu erklären ist, ist schwer zu sagen. Wir müssen zwischen zwei verschiedenen Vorgängen unterscheiden: die Dissoziation des Enzyms und seine Selbstzerstörung. Möglicherweise ist die Verschiebung der optimalen Wasserstoffionenkonzentration nur scheinbar, sie bedeutet nur, daß das Enzym schneller zerstört wird, je alkalischer die Lösung und je höher die Temperatur ist.

I. Die Reaktionskinetik bei Spaltungen von Glycylglycin durch Hefenereptase und Darmerepsin.

1. Hefenereptase.

Im vorigen Abschnitt habe ich gezeigt, daß die Spaltungen von Glycylglycin bei konstant gehaltener Wasserstoffionenkonzentration, wenn nur der Optimalpunkt nicht überschritten wird, im großen und ganzen dem monomolekularen Reaktionsgesetze gehorchen. Um dies näher zu bestätigen, machte ich einige Versuche (Tabelle XXXII und XXXIII), wo durch Herausnehmen von je 25 anstatt 15 ccm der Flüssigkeit zur Formoltitration die Versuchsfehler zu $1\,^0/_0$ in maximo reduziert wurden. Als „Puffer" wurden 18,4 ccm sekundärer und 1,6 ccm primärer $^m/_5$-Phosphatlösung zugesetzt; die Wasserstoffionenkonzentration entsprach $p_H = 7,8$, war also optimal.

<table>
<tr><td colspan="3">

Tabelle XXXII.

10 ccm 0,4 n-Glycylglycin $+$ 4 ccm $^n/_5$-NaOH $+$ 1 ccm Enzym (b) $+$ 20 ccm Phosphat $+$ Wasser $= 100$ ccm.
$p_H = 7,8$. $t = 38^0$.

</td><td colspan="3">

Tabelle XXXIII.

10 ccm 0,4 n-Glycylglycin $+$ 4 ccm $^n/_5$-NaOH $+$ 10 ccm Enzym (a) $+$ 20 ccm Phosphat $+$ Wasser $= 100$ ccm.
$p_H = 7,8$. $t = 38^0$.

</td></tr>
</table>

Verdauungszeit in Stunden	$^0/_0$ Aminostickstoff x	K	Verdauungszeit in Stunden	$^0/_0$ Aminostickstoff x	K
0	0	—	0	0	—
1	13,8	0,157	3	28,6	0,113
2	25,9	0,150	6	50,1	0,115
3	36,2	0,150	9	62,0	0,108
4	44,9	0,150	21	90,6	0,113
5	55,2	0,157	30	93,0	(0,090)
8	69,0	0,145			
10	75,9	0,143			
12	82,8	0,147			
24	96,6	(0,138)			

Die Enzymkonzentration ist so gewählt, daß ein Fehler von einigen Minuten in der Versuchszeit keine Rolle spielt. Die Werte von K sind ja, wie aus den Tabellen hervorgeht, genügend konstant. Sie zeigen aber eine, allerdings nur schwach sinkende Tendenz. Dies werde ich unten näher erörtern.

In Tabelle XXXIV und Fig. 21 sind fünf ähnliche Versuche angegeben, die Enzymkonzentration ist aber variiert worden, von 0,5 bis 3 ccm. In II bis V gehorchen die Kurven dem monomolekularen Gesetze auch, in I sinkt die Konstante aber beträchtlich.

Weil die Kurven logarithmisch sind, sollen sie dem q-t-Gesetze gehorchen[1]), wenn mit q die Enzymkonzentration und mit t diejenige Zeit, in der dieselbe Menge des Substrats gespalten wird, gemeint ist.

Tabelle XXXIV.

10 ccm 0,4 n-Glycylglycin $+$ 4 ccm $^n/_5$-NaOH $+$ x ccm Enzym $+$ 20 ccm Phosphat $+$ Wasser $=$ 100 ccm.

$$p_{H.} = 7{,}8. \quad t = 38^\circ.$$

Nr.	1		2		3		4		5	
Verdauungszeit in Stunden	$x = 0{,}5$		$x = 1$		$x = 2$		$x = 3$		$x = 5$	
	$\%$ N	K	$\%$ N	K	$\%$ N	K	$\%$ N	K	$\%$ N	K
0	—	—	—	—	—	—	—	—	—	—
$^1/_2$	—	—	—	—	—	—	—	—	32	0,79
1	—	—	14	0,15	23	0,35	32	0,40	55	0,80
2	14	0,074	—	—	41	0,27	59	0,45	77	0,74
3	—	—	34	0,14	59	0,30	77	0,49	91	0,80
4	—	—	—	—	—	—	—	—	(100)	—
5	30	0,071	50	0,14	82	0,35	92	0,51	—	—
9	—	—	73	0,15	(100)	—	(100)	—	—	—
12	50	0,058	—	—	—	—	—	—	—	—

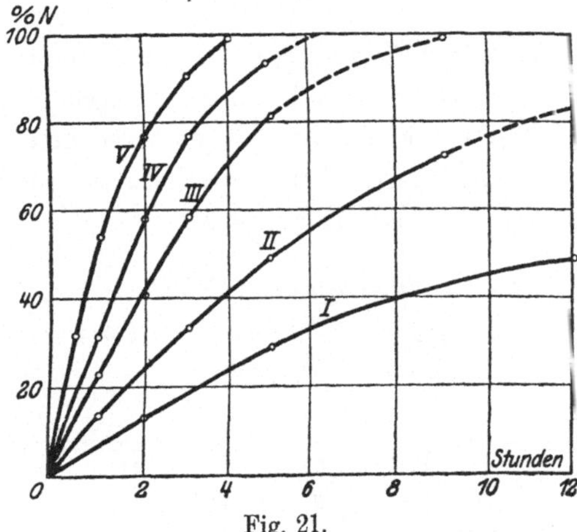

Fig. 21.

In der Tat ist, wie aus Tabelle XXXIV hervorgeht, das Produkt von K mit der relativen Enzymkonzentration x konstant, was dieselbe Sache bedeutet.

---

[1]) Arrhenius, Quantitative Laws of Biol. Chemistry, London 1915, S. 44.

In Tabelle XXXIV, Versuch 1, sank der Wert von K mit der Reaktionszeit. In Tabelle XXXV ist ein ähnlicher, aber genauerer Versuch, wo die Enzymkonzentration im Verhältnis zu der des Substrates sehr klein ist, angegeben.

K sinkt fortwährend, schneller, je weiter die Reaktion fortschreitet. Wenn $68\,^0/_0$ des Glycylglycins gespalten sind, hört die Reaktion auf, d. h. alles Enzym ist verbraucht.

Tabelle XXXV.

0,5 ccm Enzym (b) pro 100 ccm.

$$p_{\mathrm{H}\cdot} = 7,8. \quad t = 38^0.$$

Verdau- ungszeit in Stunden	$^0/_0$ Amino- stickstoff x	K
0	0	—
2	14,0	0,074
5	29,5	0,071
12	50,0	0,058
24	59,1	0,037
48	68,2	0,023
(72	68,2	0,016)

2. Darmerepsin.

In der Tabelle XXXVI sind einige Versuche über Spaltungen von Glycylglycin durch Erepsin angegeben. Sie sind alle bei 38^0 und mit konstanter Wasserstoffionenkonzentration von $p_{\mathrm{H}\cdot} = 7,8$ ausgeführt. Übrigens sind sie alle gleich, nur die Enzymmenge ist variiert worden.

Tabelle XXXVI.

10 ccm 0,4 n-Glycylglycin $+$ 4 ccm $^n/_5$-KOH $+$ 20 ccm Kaliumphosphat $+$ Erepsin (I) $+$ Wasser $= 100$ ccm.

$$p_{\mathrm{H}\cdot} = 7,8. \quad t = 38^0.$$

Verdau- ungszeit in Stunden	I. 5 ccm Enzym		II. 10 ccm Enzym		III. 20 ccm Enzym		IV. 40 ccm Enzym	
	$^0/_0$ N	K	$^0/_0$ N	K	$^0/_0$ N	K	$^0/_0$ N	K
0	0	—	0	—	0	—	0	—
2	—	—	—	—	—	—	13	0,069
6	5	0,0079	10	0,018	16	0,030	31	0,062
11	—	—	—	—	—	—	47	0,058
23	16	0,0076	32	0,017	50	0,030	78	0,065
48	26	0,0065	52	0,016	78	0,030	—	—

Die Bezeichnungen in der Tabelle sind dieselben wie im vorigen Abschnitt. Die Spaltungen verlaufen ganz ähnlich denen der Hefenereptase. In I. und II. sinkt die Reaktionskonstante, was dadurch seine Erklärung findet, daß die Spaltung so langsam geht, daß die Enzymzerstörung sich bemerkbar macht. In III. und IV. ist K ziemlich konstant, besonders wenn man in Erwägung zieht, daß die Versuchsfehler relativ groß sind.

Aber auch hier muß man bedenken, daß der „Puffer" das Enzym hemmt, und daß daher nicht die ganze Enzymmenge spaltend wirkt. Darum muß man in diesem Falle in der Beurteilung der Resultate vorsichtig sein.

So viel kann gesagt werden, daß bei konstanter Temperatur und Wasserstoffionenkonzentration, wenn der Optimalpunkt nicht überschritten wird, die Spaltungen von Glycylglycin mit Hefenereptase oder Darmerepsin monomolekulare Reaktionen sind. Die Konzentration des Enzyms in bezug auf die des Substrats muß doch so groß sein, daß die Selbstzerstörung des Enzyms vernachlässigt werden kann. Das Enzym wirkt unter diesen Bedingungen also wie ein rein chemischer Katalysator. Die Abweichungen von der monomolekularen Formel, die Abderhalden und Euler gefunden haben, sind dadurch erklärlich, daß diese Autoren die Wasserstoffionenkonzentration in der Versuchsflüssigkeit während der Reaktion nicht konstant gehalten haben.

J. Die Selbstzerstörung des Enzyms in alkalischer Lösung.

Die Selbstzerstörung des Enzyms übt auf die Spaltungsgeschwindigkeit einen beträchtlichen Einfluß aus, wie ich oben gezeigt habe.

Die Kurven in Fig. 22 stellen Spaltungen von Glycylglycin, den vorhergehenden ganz ähnlich, dar. In I ist „Puffer" zugesetzt, wodurch p_H auf 7,8 konstant gehalten ist. In II ist kein Puffer zugesetzt, p_H war im Anfang 7,8. Wenn in II ca. 25 $^0/_0$ gespalten worden waren und also $p_H = 8,3$ war, wurde die Flüssigkeit in zwei Teile getrennt; zu einem wurde vorsichtig so viel $^n/_5$-Salzsäure zugesetzt, daß $p_{H^.} = 7{,}7$ wurde. *IIa* gibt jetzt den Reaktionsverlauf in diesem Teil, *IIb* in dem ursprünglichen an. Die **Kurven** zeigen deutlich **an, daß die**

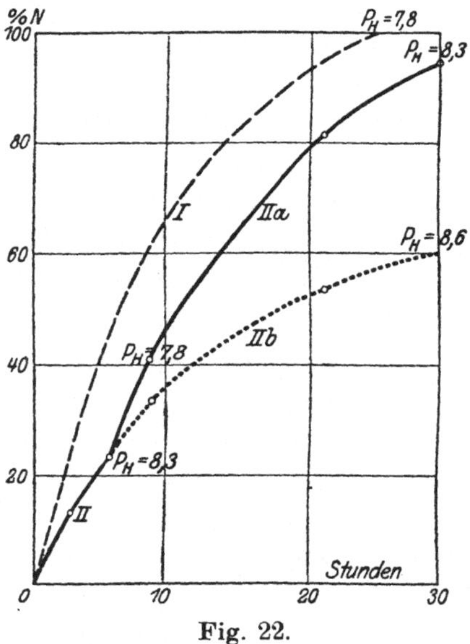

Fig. 22.

„hemmende" oder „befördernde" Einwirkung von Säuren und Alkalien durch einen Dissoziationsvorgang des Enzyms erklärt werden kann.

Um zu erforschen, inwieweit die Spaltungsfähigkeit des Enzyms durch Vorbehandlung in alkalischer Lösung verändert wurde, führte ich folgenden Versuch aus: Zu 25 ccm Enzymlösung (a) wurden 92 ccm sek. und 8 ccm prim. $^m/_5$-Phosphat ($p_{H^.} = 7{,}8$) zugesetzt, wonach die Flüssigkeit auf 200 ccm verdünnt wurde, und in einen Thermostaten bei 38° gestellt. Nach den in der Tabelle XXXVII und Fig. 23 angegebenen Zeiten wurden je 40 ccm herausgenommen, und zu diesen wurden 5 ccm 0,4 n-Glycylglycin + 2 ccm $^n/_5$-Natronlauge + 3 ccm Wasser zugesetzt, und diese Flüssigkeiten wurden wieder bei 38° hingestellt. In diesen wurde dann die Enzymwirkung durch Formoltitration nach gewissen Zeiten bestimmt. Ein Parallelversuch mit unvorbehandeltem Enzym wurde ebenso ausgeführt (I. in Tabelle XXXVII).

Tabelle XXXVII.

$p_H = 7{,}8.\quad t = 38^\circ.$

Formol-titrierung nach Stunden	$^0/_0$ N nach Vorbehandlung in Stunden			
	0 Std.	3 Std.	6 Std.	9 Std.
	I.	II.	III.	IV.
	$^0/_0$ N	K			
0	0	—	0	0	0
3	29	0,11	16	10	7
6	50	0,12	29	—	—
9	62	0,11	—	—	—
12	—	—	—	—	33
15	80	0,11	—	43	—
18	—	—	62	—	—
21	91	0,11	—	—	—

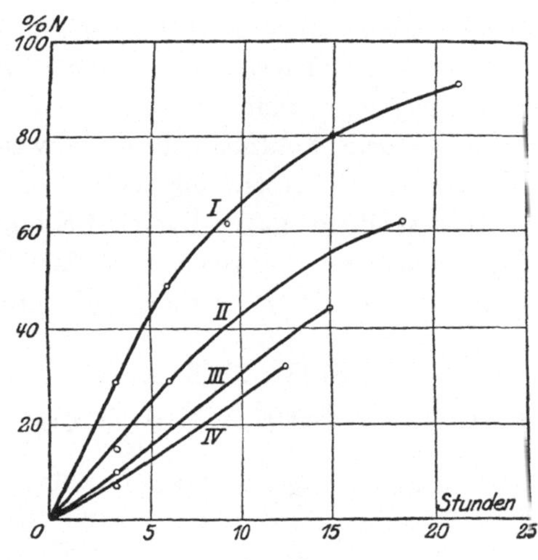

Fig. 23.

Aus der Fig. 23 geht hervor, daß die Vorbehandlung im höchsten Grade das Enzym schädigt. Die Mengen von Glycylglycin, die in den verschiedenen Fällen nach derselben Zeit gespalten sind, sind dem unzerstörten Teil des Enzyms proportional. So z. B. sind nach 3, 6 und 9 Stunden Vorbehandlung $\dfrac{16 \cdot 100}{29}$, $\dfrac{10 \cdot 100}{29}$ und $\dfrac{7 \cdot 100}{29}\, ^0/_0$ des Enzyms unzersetzt geblieben. Diese Werte sind in Tabelle XXXVIII aufgetragen; unter K ist $K = \dfrac{1}{t}\ln\dfrac{a}{a-x}$ berechnet, t ist hier die Vorbehandlungszeit in Stunden und x die Prozente zerstörtes Enzym. K ist, wie die Tabelle zeigt, ziemlich konstant.

Tabelle XXXVIII.

Vorbehand-lungszeit in Stunden	$^0/_0$ zerstörtes Enzym x	K
0	0	—
3	45	0,20
6	65	0,18
9	76	0,16

Die Enzymzersetzung verläuft also relativ schnell in alkalischer Lösung, wenn kein Substrat zugesetzt ist. Betrachten wir indessen Tabelle XXXVII, I.; hier sind die Werte von K genügend konstant, dies bedeutet folglich, daß die Geschwindigkeit, mit der das Enzym sich zersetzt, im Verhältnis zu der Peptidspaltung sehr klein ist.

Dies zwingt zu dem Schluß, daß die Anwesenheit von Peptiden eine schützende Einwirkung auf die Stabilität des Enzyms hat. Dies steht in guter Übereinstimmung mit der von Vernon[1]) gefundenen Tatsache, daß Eiweißstoffe und Aminosäuren eine schützende Einwirkung auf Pankreastrypsin haben.

Tabelle XXXIX.

0,4 n - Glycylglycin $+$ $^n/_5$-NaOH $+$ 20 ccm Phosphat $+$ 10 ccm Enzym (a) $+$ Wasser $= 100$ ccm.

a) 5 ccm Glycylglycin $+ 2$ ccm NaOH.
b) 10 „   „ $+ 4$ „ NaOH.
c) 20 „   „ $+ 8$ „ NaOH.

$$p_H = 7,8. \quad t = 38^0.$$

Verdauungs-zeit in Stunden	Freigemachter Aminostickstoff in mg		
	a)	b)	c)
0	0	0	0
2	0,8	0,8	0,8
7	2,1	2,8	3,1
12	2,8	4,2	5,6
24	2,8	5,3	7,3

Jetzt ist es leicht zu verstehen, warum die Reaktionsgeschwindigkeit bei derselben Enzym-, aber verschiedener Sub-

---

[1]) Vernon, Journ. of Physiol. **30**, 31, 1904.

stratkonzentration wächst, je größer die letztere ist. In Tabelle XXXIX ist ein Versuch hierüber angegeben. Anstatt in Prozent ist die Menge freigemachten Aminostickstoffs in Milligramm pro 12 ccm Flüssigkeit angegeben.

Diese Versuche sind ja die Umkehrung zu den in Tabelle XXXIV angegebenen. Die Resultate in beiden Fällen deuten darauf hin, daß bei reaktionskinetischen Studien von enzymatischen Spaltungen bei Peptiden solche relativen Konzentrationen von Enzym und Substrat gewählt werden sollen, daß die Selbstzerstörung des Enzyms vernachlässigt werden kann.

Tammann[1]) hat eine Formel abgeleitet, worin die Enzymzerstörung berücksichtigt wird. Dies ist unter der Voraussetzung gemacht, daß die Zerstörungsgeschwindigkeit unabhängig von der Substratkonzentration ist. Dies ist jedoch durchaus nicht der Fall, wie ich gezeigt habe, und daher versagt auch Tammanns Formel beim Berechnen z. B. der Versuche in Tabelle XXXV.

K. Einfluß verschiedener Ionen auf die Reaktionsgeschwindigkeit.

In vielen Fällen hat man gefunden, daß der Zusatz einiger Salze die Wirksamkeit hemmt, während der Zusatz anderer Salze die Wirkung gar nicht beeinflußt oder sie sogar befördert. Besonders für Erepsin hat Kobzarenko[2]) eine Reihe von Versuchen über die Wirkung verschiedener Ionen auf Spaltungen von Pepton ausgeführt. Es muß jedoch gleich gesagt werden, daß man mit der von ihm gebrauchten analytischen Methode, der Biuretprobe von Cohnheim, nur zu

---

[1]) Vgl. Euler-Pope, General Chemistry of the Enzymes, 1912, S. 233. Die Spaltungsgeschwindigkeit sei $\frac{dx}{dt} = k_1(a-x)$ und die der Enzymzerstörung $\frac{dy}{dt} = k_2(b-y)$. Durch Kombination dieser Formeln und nachherige Integration wird die folgende Reaktionsformel erhalten:
$$K = \frac{e^{k_2 t}}{e^{k_2 t} - 1} \ln \frac{a}{a-x}.$$
Aber k_4 ist ja hier nicht konstant, sondern von der Substratkonzentration abhängig, und daher kann diese Formel nicht gebraucht werden.

[2]) Kobzarenko, Biochem. Zeitschr. 66, 1914.

qualitativen Resultaten gelangen kann. Die Angaben Kobzarenkos stimmen auch, wie unten gezeigt wird, in vielen
Fällen gar nicht mit den hier — mit einer viel genaueren
analytischen Methode, der Formoltitration — gewonnenen Resultaten überein.

1. Hefenereptase.

Euler[1]) hat schon gezeigt, daß Zusatz von Glykokoll
keinen Einfluß auf die Spaltung von Glycylglycin mit Erepsin
ausübt. In der Tabelle XL ist ein Versuch hierüber angegeben,
der ebenso deutlich zeigt, daß das Reaktionsprodukt, Glykokoll, keine Einwirkung auf die Enzymtätigkeit, auch was die
Hefenereptase betrifft, hat.

Tabelle XL.

a) 10 ccm 0,4 n-Glycylglycin $+$ 4 ccm $^a/_5$-NaOH $+$ 20 ccm Phosphat
$+$ 10 ccm Enzym (a) $+$ Wasser $=$ 100 ccm.
b) Dasselbe $+$ 10 ccm 0,4 n-Glykokoll $=$ 100 ccm.

$$p_H = 7,8. \quad t = 38°.$$

Verdauungs- zeit in Stunden	$^0/_0$ N	
	a)	b)
0	0	0
2	14	16
7	48	48
12	68	71
24	90	88

Einige Versuche über die Neutralsalzwirkung auf dieses
Enzym sind in der Tabelle XLI zusammengestellt. Die Konzentration des Salzes in bezug auf die Versuchsflüssigkeit ist
in jedem Falle in der Tabelle angegeben.

Was zuerst den Einfluß von Cyankalium betrifft, so wirkt
dieses Salz in einer 0,1 n-Konzentration völlig hemmend (in
Betracht muß jedoch gezogen werden, daß Cyankalium hydro-
lytisch gespalten ist und die Alkalinität in dem Versuche
etwas höher als $p_H = 7,8$ war), in 0,01 n-Konzentration wirkt
es aber nur zum Teil hemmend.

Das auffallendste Ergebnis der Tabelle XLIa ist die herab-
setzende Wirkung der Jodidionen, während Chlorid- und Bromid-
ionen von derselben Konzentration keine solche Wirkung zeigen.

---

[1]) Euler, l. c.

Aber wenn einige Tropfen Natriumthiosulfatlösung, welches Salz an und für sich die proteolytische Tätigkeit des Enzyms nicht herabsetzt, der Probe zugesetzt werden, wird die hemmende Wirkung aufgehoben, wie aus der Tabelle XLIb hervorgeht. Es zeigte sich auch bei anderen Versuchen, daß ein Zusatz von Jod, in Jodkalium gelöst, auch in geringfügiger Konzentration die proteolytische Wirkung vollkommen aufhob. Im Versuch XLIa scheint also keine primäre Ionenwirkung vorzuliegen, sondern die Ergebnisse dürfen wohl auf irgendeine enzymatische Oxydation des Jodsalzes (im Hefepreßsaft sind ja immer Oxydationsenzyme vorhanden) zurückzuführen sein.

Tabelle XLI.

10 ccm 0,4 n-Glycylglycin $+$ 4 ccm $^n/_5$-NaOH $+$ 20 ccm Phosphat $+$ 5 ccm Enzymlösung (b) $+$ Salzlösung $+$ Wasser $=$ 100 ccm.

$P_H = 7{,}8$. $t = 38^0$.

a)

Verdauungszeit in Stunden	Kontrolle	KCl 0,2 n	NaCl 0,2 n	KBr 0,2 n	NaJ 0,2 n	KJ 0,2 n	KJ 0,02	NaF 0,2 n	Na$_2$SO$_4$ 0,2 m	NaNO$_3$ 0,2 n	KClO$_3$ 0,1 n	KCN 0,1 n
							% freigemachter Aminostickstoff					
1	55	55	55	55	27	27	36	55	55	55	36	0
2	77	77	77	77	32	32	55	77	77	73	64	0

b)

Verdauungszeit in Stunden	Kontrolle	KJ 0,2 n	KJ ($+$ Na$_2$S$_2$O$_3$) 0,2 n	LiCl 0,2 n	KCN 0,01 n	Phenol 0,05 %
	% freigemachter Aminostickstoff					
2	56	47	58	56	19	58
4	84	59	84	82	40	84

Chlorat- und Nitrationen wirken auch herabsetzend auf die Enzymtätigkeit, aber dies läßt sich wahrscheinlich aus der Oxydationsfähigkeit dieser Stoffe erklären.

Eine verdünnte Phenollösung hat keinen Einfluß, und Natriumfluorid, welches Salz in vielen anderen Fällen als ein starkes Enzymgift wirkt, zeigt auch keine hemmende Wirkung.

Bemerkenswert ist, daß Sulfationen hier keine Hemmung verursachen. Wie ich in den vorhergehenden Kapiteln gezeigt habe, werden sowohl die Pepsin- wie die Tryptasewirkungen durch Sulfationen, wenn auch geringfügig, gehemmt, und nach Ringer (siehe daselbst) ist dies wohl durch die Quellungsvorgänge des Substrates zu erklären. Es ist ohne weiteres ersichtlich, daß dieser Umstand bei Spaltungen von Glycylglycin, was das Substrat betrifft, belanglos ist.

Das Hauptergebnis dieser Versuche ist jedoch das, daß Neutralsalze mit den gewöhnlichsten anorganischen Ionen, in mäßiger Konzentration gar keinen Einfluß auf die Wirkungsfähigkeit der Hefenereptase ausüben.

In den meisten dieser Versuche war die Versuchsflüssigkeit 0,2 n in bezug auf zugesetztes Salz. Aber überall war eine „Puffermischung" von Phosphaten vorhanden, wodurch die totale Salzkonzentration ungefähr die doppelte war.

In Tabelle XCII sind einige Versuche mit Chlorkalium, Chlorcalcium und Chlormagnesium von wechselnden Konzentrationen angegeben. Hier ist kein Puffer zugesetzt, die Wasserstoffionenkonzentration im Anfang entsprach $p_H. = 7,6$ und veränderte sich folglich während der Reaktion. Die Versuche sind indessen miteinander vergleichbar.

Tabelle XCII.

10 ccm 0,4 n-Glycylglycin $+$ 3 ccm $^n/_5$-NaOH $+$ 5 ccm Enzym (c) $+$ Salzlösung $+$ Wasser $=$ 100 ccm.

$p^H.$ im Anfang $= 7,6$ $\hspace{3cm}$ $t = 37^0$

Nr.	Kontrolle	1	2	3	4	5	6	7	8
Salz:	Ohne Salzzusatz	gesättigt ca. 4 n	KCl $^n/_1$	$^n/_2$	$^n/_4$	CaCl$_2$ $^m/_1$	$^m/_2$	$^m/_4$	MgCl$_2$ $^m/_4$
Konzentration:									
$^0/_0$ freigemachter Aminostickstoff									
0	0	—	—	—	—	—	—	—	—
9	51,0	24,0	46,2	51,0	51,0	0	—	—	21,0
18	86,9	45,0	77,3	83,7	83,7	3,0	6,2	9,3	32,0

(Verdauungszeit in Stunden)

Was zuerst das Chlorkalium betrifft, so sind wir berechtigt zu sagen, daß zuerst bei einer Salzkonzentration, die 1 n ist, eine merkbare, aber allerdings nur kleine Hemmung der enzymatischen Wirkungsfähigkeit eintritt. Sogar in gesättigter

Lösung (ca. 4 n) ist die Enzymwirkung nur zu ca. $50\,^0/_0$ gehemmt [1]).

Calcium- und Magnesiumchlorid wirken im höchsten Grad nachteilig auf die Hefenereptase. Dies ist aber sehr leicht erklärlich. Denn bei dieser Alkalinität ($p_H\cdot = 7{,}6$ bis $8{,}0$) wird ein großer Teil von diesen Metallionen als unlösliches Hydroxyd ausgefällt, und wahrscheinlich reißen sie dabei mehr oder weniger von dem Enzym mit. In der Tat wurden in den Versuchen 5 bis 8 dergleichen Niederschläge beobachtet. Aus diesen Versuchen kann also kein Schluß über die Einwirkung von Calcium- oder Magnesiumionen auf die Hefenereptase gezogen werden.

2. Darmerepsin.

Wie im Abschnitt D schon gesagt ist, übten Phosphate eine Hemmung auf die Wirkung des Erepsins aus. Bei den folgenden Versuchen sind im Gegensatz zu denen mit Hefenereptase keine „Puffer" zugesetzt. Die Wasserstoffionenkonzentration ist folglich während der Reaktion nicht konstant, und die Spaltungskurven verlaufen daher nicht monomolekular. Aber die Versuche sind, mit Ausnahme des anwesenden Salzes, einander völlig gleich, und da sind ja doch die Ergebnisse vergleichbar. Die anfängliche Wasserstoffionenkonzentration entsprach immer $p_H\cdot = 7{,}8$. Die Tabelle XCIII ist der Tabelle XCI ganz analog. Die Salzkonzentration der Versuchsflüssigkeit ist aber doppelt so groß wie diejenige in der Tabelle XCI, aber in diesem letzteren Falle kommt die Phosphatkonzentration hinzu. In osmotischer Hinsicht sind die Lösungen in beiden Fällen einander ziemlich gleich.

---

[1]) Einige sehr interessante Versuche über die Einwirkung von Chlornatrium auf die Reaktionsgeschwindigkeit bei der Rohrzuckerinversion durch die Invertase sind neuerdings von zwei amerikanischen Forschern, H. A. Fales und J. M. Nelson, veröffentlicht (Journ. Amer. Chem. Soc. 37, 2769, 1915). Sie haben gefunden, daß Zusatz von diesem Salz die Invertasewirkung herabsetzt, jedoch am schwächsten, wenn die Wasserstoffionenkonzentration der dem Enzym optimalen entspricht. In diesem Falle hat eine 2 n Konzentration nur einen schwachen Effekt, eine Tatsache, die mit den Ergebnissen der hier untersuchten Hefenereptase in gutem Einklang steht.

Tabelle XCIII.

10 ccm 0,4 n-Glycylglycin $+$ 4 ccm $^n/_5$-KOH $+$ Salzlösung $+$ 20 ccm Erepsin (II) $+$ Wasser $=$ 100 ccm.

pH· $=$ 7,8 (im Anfang) $\qquad$ $t = 38^0$.

Verdauungs-zeit in Stunden	Kontrolle	KCl 0,4 n	KBr 0,4 n	KJ ($+$ Na$_2$S$_2$O$_3$) 0,4 n	K$_2$SO$_4$ 0,4 m	KNO$_3$ 0,4 n	NaCl 0,4 n	NaBr 0,5 n	LiCl 0,4 n	KF 0,1 n
				$^0/_0$ Aminostickstoff						
20	52	21	19	19	21	20	21	19	18	31
24	62	28	28	28	28	22	28	26	24	44

Es ist sogleich auffallend, wie stark der Salzzusatz die Wirkung des Erepsins herabsetzt. Und zwar haben sämtliche hier untersuchte anorganische Salze im großen und ganzen denselben Einfluß. Die Behauptung Kobzarenkos, daß Natriumsalze die Erepsinwirkung herabsetzen, während Kaliumsalze keinen Einfluß zeigen, scheint also fehlerhaft zu sein (siehe auch Tabelle XCIV). Dasselbe gilt für seine Behauptungen betreffs einiger der Anionen.

Tabelle XCIV.

10 ccm 0,4 n-Glycylglycin $+$ 4 ccm $^n/_5$-KOH $+$ Salzlösung $+$ 20 ccm Erepsin (II) $+$ Wasser $=$ 100 ccm.

pH· $=$ 7,8 (im Anfang). $\qquad$ a) KCl $\qquad$ $t = 38^0$.

Verdauungs-zeit in Stunden	Kontrolle		KCl-Konzentration								
			0,8 n $10^{-0,1}$		0,2 n $10^{-0,7}$		0,08 n $10^{-1,1}$		0,02 n $10^{-1,7}$		0,002 n $10^{-2,7}$
			$^0/_0$ Aminostickstoff								
		δ		δ		δ		δ		δ		δ
19	75	100	13	17	44	59	62	83	75	100	75	100
24	84	100	16	19	50	60	74	88	80	95	84	100

b) NaCl

Verdauungs-zeit in Stunden	Kontrolle		NaCl-Konzentration								
			0,8 n $10^{-0,1}$		0,2 n $10^{-0,7}$		0,08 n $10^{-1,1}$		0,02 n $10^{-1,7}$		0,002 n $10^{-2,7}$
			$^0/_0$ Aminostickstoff								
		δ		δ		δ		δ		∂		δ
19	75	100	13	17	44	59	62	83	75	100	75	100
24	84	100	16	19	52	62	70	83	82	98	84	100

(δ bedeutet den in den verschiedenen Fällen wirksamen Teil des Enzyms in Prozenten, wenn man annimmt, daß in der Kontrollprobe 100$^0/_0$ des Enzyms wirken.)

Nitrationen weisen auch hier die **größte** hemmende Einwirkung auf.

In der Tabelle XCIV sind einige Versuche mit Chlorkalium und Chlornatrium von verschiedenen Konzentrationen angegeben.

In Fig. 24 ist die Konzentration des zugesetzten Salzes, der besseren Übersicht wegen der Logarithmus derselben, als Abszisse und die in Tabelle XCIV angegebenen Werte von δ als Ordinaten aufgetragen.

Zuerst zeigt sich, daß Chlornatrium und Chlorkalium gleicher Konzentration dieselbe Hemmung hervorrufen. Der Betrag der Hemmung ist offenbar von der Salzkonzentration abhängig. Und nur Salzkonzentrationen, die kleiner als 0,01 n sind, üben keinen Einfluß auf die Wirkung des Erepsins aus. Hier liegt also ein tiefgehender Unterschied zwischen Darmerepsin und Hefenereptase, welch letztere erst gegen eine Salzkonzentration von Normalität 1 empfindlich ist, vor.

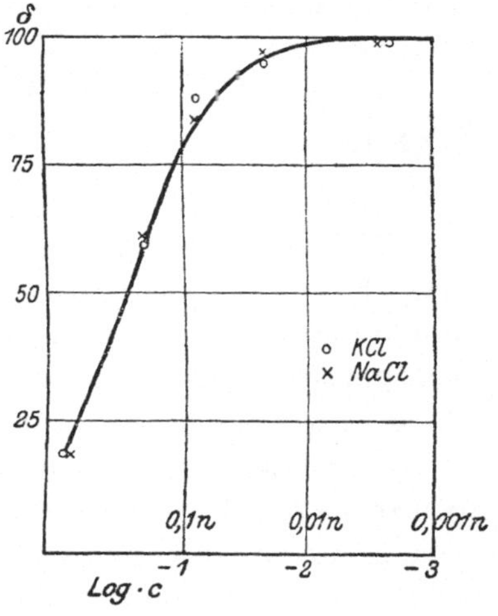

Fig. 24.

Was diese Kurve bedeutet, ist bei unserer heutigen Kenntnis über den Bau der Enzyme unmöglich zu sagen. Sie ist den Michaelisschen[1]) Dissoziationskurven ähnlich, und wahrscheinlich hängt die Neutralsalzwirkung auf die Tätigkeit des Erepsins mit den Dissoziationsverhältnissen desselben eng zusammen.

So viel darf jedoch gesagt werden, daß die Hemmung des Erepsins nicht durch irgendeine Wirkung einzelner Ionen hervorgerufen worden ist, sondern die Hemmung ist in erster Linie von der Totalkonzentration des zugesetzten Salzes abhängig.

---

[1]) **Michaelis**, Die Wasserstoffionenkonzentration. Berlin 1914.

Die Ergebnisse dieses Abschnittes lehren weiter, daß bei reaktionskinetischen Studien von Peptidspaltungen die Hefenereptase vorzuziehen ist, und daß man bei Arbeiten mit Darmerepsin immer die vorhandene Salzkonzentration und deren Einfluß auf das Enzym berücksichtigen muß.

Doch ist wohl anzunehmen, daß der Darmschleimhautsaft in bezug auf peptidspaltende Enzyme ein reineres Präparat als der Hefepreßsaft darstellt.

L. Nachtrag.

Abderhaldens neueste Arbeiten über die peptolytischen Enzyme der Hefe.

Nachdem diese Arbeit im Manuskript schon abgeschlossen war, haben Abderhalden und Fodor[1]) eine umfangreiche Abhandlung über den fermentativen Abbau von verschiedenen Polypeptiden durch Hefemazerationssaft veröffentlicht. Da diese Arbeit in naher Beziehung zu meinen Untersuchungen steht, muß ich hier Abderhaldens Resultate näher besprechen. Selbst hatte ich nicht Gelegenheit, die enzymatische Spaltung von anderen einfachen Peptiden als Glycylglycin zu studieren, und daher ist Abderhaldens Arbeit nach dieser Richtung von Bedeutung.

Abderhalden hat jetzt seine frühere polarimetrische Methode zur Verfolgung der Spaltungsgeschwindigkeit verlassen und ist zu derselben Methode, welche ich vorwiegend verwendet habe, der Formoltitration von Sörensen, übergegangen. Leider hat er sich über die Versuchsmethodik sehr kurz gefaßt, und es bieten sich daher gewisse Schwierigkeiten, seine Versuche im einzelnen zu verfolgen. Ich bin davon überzeugt, daß seine Versuche im großen und ganzen wohl ein richtiges Bild von den peptolytischen Vorgängen geben, jedoch scheint es mir, als wären sie in gewissen Einzelheiten nicht ganz einwandfrei.

Das von ihm verwendete Enzympräparat (nach Lebedew hergestellter Mazerationssaft von Trockenhefe) wurde nicht durch Dialyse gereinigt und enthielt daher beträchtliche Mengen von Stickstoff, von Eiweißstoffen, Peptiden, Aminosäuren und anderen Abbauprodukten des Hefeneiweißes herrührend. Bei

---

[1]) Abderhalden und Fodor, Fermentforschung, **1**, 533, 1916.

einigen Versuchen, wenn es auch nicht unmittelbar aus den Tabellen hervorgeht, scheint es, als wäre der Stickstoffgehalt des Enzympräparats etwa ebenso groß oder sogar größer als der Stickstoffgehalt des Peptids. Ist es nun ausgeschlossen, daß dieser Umstand die Versuchsergebnisse beeinflussen könnte?

Um die Wasserstoffionenkonzentration konstant zu halten, hat er zu der auf Lackmus-Neutralität gebrachten Peptidlösung Phosphatmischungen zugesetzt. Die Wasserstoffionenkonzentration hat er im Anfang der Versuche elektrometrisch bestimmt und sich dann ganz darauf verlassen, daß diese sich nicht während der Verdauung ändere. Es ist jedoch fraglich, ob die Phosphatmischungen in allen Fällen die Wasserstoffionenkonzentration konstant zu halten vermögen. Ein Blick auf die große Tafel in Sörensens Enzymstudien II[1]) zeigt uns, daß dies wohl in dem Intervalle $p_H = 5{,}5$ bis $p_H = 7{,}5$ zutrifft, auch mit relativ kleinen Phosphatkonzentrationen, aber außerhalb dieses Intervalles kann es wohl manchmal möglich sein, daß die Phosphatkonzentration (wenn sie nicht kolossal ist) nicht ausreicht. Denken wir uns nämlich die Spaltung eines beliebigen Dipeptids in alkalischer Lösung:

$$\begin{array}{l} R\cdot NH_2 \\ \mid \\ CO \\ --\mid---+-\dfrac{OH}{H}\cdot = R\cdot NH_2\cdot COOH + R_1\cdot NH_2\cdot COOH\,; \\ NH \\ \mid \\ R_1 - COOH \end{array}$$

und daß die Dissoziationskonstanten von dem Dipeptide und den beiden Aminosäuren, als Säuren betrachtet, k_1, k_2 und k_3, bekannt sind. Dann können wir in ähnlicher Weise wie in Kap. V, C die Wasserstoffionenkonzentration, h, immer berechnen, wenn wir noch die Konzentration jeder der drei Komponenten und die des Alkalis kennen. Sind die Werte von k_1, k_2 und k_3 klein und ziemlich gleich, so wird sich die Wasserstoffionenkonzentration bei einer gewissen Alkalikonzentration während der Spaltung kaum verändern. Sind dagegen die Werte der Konstanten ziemlich groß und verschieden, so kann sich die Wasserstoffionenkonzentration während der Reaktion

---

[1]) Sörensen, Enzymstudien II, l. c.

sehr bedeutend ändern. Diese Veränderungen können so groß sein, daß besonders außerhalb des Intervalles $p_{H\cdot} = 5,5$ bis $p_{H\cdot} = 7,5$ mäßige Phosphatkonzentrationen nicht ausreichen.

Wenn man anstatt Dipeptide Tri- oder Polypeptide verwendet, wird die Sache noch komplizierter. Mit dieser Diskussion habe ich nur zeigen wollen, daß man nicht absolut sicher sein darf, daß bei Abderhalden,. trotz des Pufferzusatzes, die Wasserstoffionenkonzentration während der Spaltung immer bei dem Anfangswert konstant verblieben ist.

Weiter scheint es mir, als wären die Formoltitrierungen nicht ganz einwandfrei. Zieht man in Betracht, daß die Verdauungszeiten so kurz und die Flüssigkeitsmengen so klein waren, so können die Versuchsfehler relativ groß sein. Die Phosphor- und Kohlensäure muß zuerst aus der Flüssigkeit weggeschafft und die Probe dann genau auf Lackmusneutralität gebracht werden, ehe die eigentliche Formoltitrierung vorgenommen werden kann. Da große Mengen Pufferstoffe, Aminosäuren u. dgl. vorhanden sind, ist es nicht leicht, den Neutralpunkt mit Präzision zu ermitteln. Wie außerordentlich große Dienste die Formolmethode auch leistet, so darf man ihre Genauigkeit nicht überschätzen. Um ganz sichere Werte zu erhalten, muß man ziemlich große Mengen von den Versuchsflüssigkeiten zu jeder Titrationsprobe nehmen.

Mit diesen Worten soll keineswegs die Bedeutung der Abderhaldenschen Arbeit verkleinert werden, nur versuche ich zu zeigen, daß man seine Werte von der optimalen Wasserstoffionenkonzentration für die Spaltung von verschiedenen Peptiden durch die Hefenereptase nicht als endgültig festgestellt ansehen darf. Ebenso muß man bei der Deutung der Reaktionskinetik sehr vorsichtig sein.

Die folgende Tabelle ist aus seiner Arbeit entnommen:

Die optimale Wasserstoffionenkonzentration bei der Spaltung von verschiedenen Peptiden durch Hefemazerationssaft.

Peptid.	Opt. $p_{H\cdot}$
Glycyl-l-leucin	8,41; 8,50
l-Leucyl-glycin	7,50; (7,56)
d-Alanyl-glycin	7,30—8,18
Glycyl-d-alanin	7,30—7,91
d-Alanyl-l-leucin	6,76; 6,85

l-Leucyl-d-alanin . . . . 6,80—7,89
l-Leucyl-glycin 7,56

l-Leucyl-l-Asparaginsäure . . . . 6,76—6,80
l-Leucyl-glycyl-glycin 7,26
l-Leucyl-diglycyl-glycin 7,29
l-Leucyl-triglycyl-glycin 7,28
l-Leucyl-pentaglycyl-glycin . . . 6,64

Aus dieser Tabelle geht hervor, daß die optimale Wasserstoffionenkonzentration für die Spaltung von verschiedenen Peptiden nicht konstant ist. Vielmehr schwankt sie beträchtlich, so z. B. liegt das Optimum in einigen Fällen bereits in saurer Lösung. Abderhalden zieht jetzt folgenden Schluß: „Das Optimum ist keineswegs konstant, sondern hängt auch bei gleichen Fermentmengen von der Natur des Polypeptids ab."

Ich will hier versuchen, eine, allerdings nur hypothetische, Erklärung zu geben. In obiger Tabelle habe ich die Peptide in zwei willkürliche Abteilungen geordnet; in der ersten sind die einfachen Dipeptide, und mit zwei Ausnahmen(?) hat das Optimum den Mittelwert $p_H = $ etwa 7,8, also denselben Wert, wie ich ihn für die Spaltung von Glycyl-glycin gefunden habe. Meiner Meinung nach könnten diese einfachen Dipeptide durch die Ereptase gespalten worden sein.

Die Peptide der zweiten Gruppe sind Polypeptide, und einige nähern sich wohl in ihrer Zusammensetzung den Peptonen. Das Optimum liegt hier in der Nähe des Neutralpunktes, und wie ich im Kap. IV gezeigt habe, liegt das Optimum für die Verdauung von Witte-Pepton ebenso etwa beim Neutralpunkt. Könnte man nicht vorläufig annehmen, daß die Spaltung von Polypeptiden nicht nur von der Ereptase, sondern auch von einer Tryptase bewirkt wird? Daß das Optimum für die Spaltung von z. B. dem Tripeptide, l-Leucyl-glycyl-glycin bei $p_H = 7,3$ liegt, könnte dann bedeuten, daß hierbei sowohl die Ereptase wie die Tryptase wirkte. Wie ich schon bemerkt habe, ist dies nur als eine Hypothese aufzufassen, und vieles kann auch dagegen gesagt werden.

Ich möchte hierzu noch folgende Tatsache erwähnen: Wie ich in dieser Arbeit gezeigt habe, liegt das Optimum für die Spaltung von Glycylglycin bei $p_H = 7,8$, für die Verdauung von Pepton aber bei $p_{H\cdot} = 6{,}9$, wenn man Hefepreßsaft anwendet. Verwenden wir aber ein Darmerepsinpräparat, so liegt das Optimum für diese beiden Vorgänge bei $p_{H\cdot} = 7{,}8$, wie Rona und Arnheim[1]) und ich selbst bei einigen nicht veröffentlichten Versuchen gefunden haben. Es ist wohl anzunehmen, daß der Darmschleimhautsaft in bezug auf ereptisches Enzym ein mehr einheitliches Präparat als der Hefepreßsaft darstellt. Es wäre von größtem Interesse, zu untersuchen, wie sich das Darmerepsin gegen verschiedene wohl definierte Peptide bezüglich der optimalen Wasserstoffionenkonzentration verhält.

Die Frage ist jetzt: Sind in dem Hefesaft **nur** ein peptolytisches Enzym vorhanden, oder haben wir eine Gruppe von ähnlichen, wovon jedes spezifisch wirkt? Abderhalden neigt in dieser Arbeit zu der ersten Annahme: „Die Annahme von Glycylasen, Leucylasen usw., die zum Ausdruck bringen würde, daß ein auf eine bestimmte Atomgruppierung eingestelltes Ferment beim Abbau maßgebend ist, erhält durch **unsere** Versuche keine Stütze. Wir haben **im Gegenteil** den Eindruck erhalten, daß das gesamte Molekül mit allen seinen chemischen und physikalischen Eigenschaften maßgebend ist.“

Mit unserem jetzigen Material ist es nicht möglich, diese Frage erschöpfend zu beurteilen. Es bedarf noch weiterer genauer Untersuchungen, und zwar mit proteolytischen Enzymen verschiedener Herkunft, ehe wir ein klares Bild über die Wirkungen der proteolytischen Enzyme bekommen können.

VI.

Die Desamidasen der Hefe.

Bei der Autolyse der Hefe, und besonders wenn die Wasserstoffionenkonzentration in der Flüssigkeit klein ist, tritt unter den Spaltprodukten freies Ammoniak auf. Die Enzyme, welche diese Ammoniakabspaltung aus den Aminosäuren oder Purinbasen bewirken, faßt man unter dem Namen Desamidasen zusammen. Diese Enzyme scheinen mit den Aminosäuren-vergärenden Enzymen, die schon in der Einleitung besprochen sind, identisch zu sein.

---

[1]) Rona und Arnheim, l. c.

Es ist aber fraglich, ob man diese Enzyme zu den proteolytischen rechnen kann, denn ihre Wirkungsweise ist ja von derjenigen der Ereptasen ganz verschieden. Wahrscheinlich stehen sie den Gärungsenzymen, dem Zymasekomplex, als den peptidspaltenden, näher.

Ich will mich über diese Enzyme kurz fassen. Pringsheim[1]) hat gezeigt, daß die Desamidasen sehr schnell sowohl in Acetondauerhefe als im Preßsaft zerstört werden. Auch geben Abderhalden und Schittenhelm[2]) an, daß sie mit Hefepreßsaft und Organpreßsäften bei verschiedenen Versuchen keine Desamidierung von Aminosäuren erzielen konnten. Sie gewannen die Aminosäuren fast quantitativ zurück.

Ich erhielt folgende Resultate. Die Analysen (NH_3-Bestimmungen) wurden durch Destillation mit Magnesiumoxyd in einem Kjeldahlschen Destillationsapparat vorgenommen.

Glykokoll, Alanin und Phenylalanin wurden in keinem Falle desamidiert. Bei Leucin schien nach zwei Tagen eine sehr kleine Ammoniakabspaltung stattgefunden zu haben, am deutlichsten bei $p_H = 7{,}5$. Gleichzeitig war ein Geruch nach Amylalkohol wahrnehmbar. Allerdings handelte es sich nur um außerordentlich kleine Mengen, 1 bis $3\,^0/_0$ des Totalstickstoffs. Dieselbe Enzymmenge spaltete unter denselben Bedingungen eine entsprechende Menge Glycylglycin vollständig zu Glykokoll in einigen Minuten.

Die lebende Hefe desamidiert dagegen die Aminosäuren sehr schnell, wie F. Ehrlich[3]), sowie Effront[4]) u. a. gezeigt haben. Der letztere gibt auch an, daß die Desamidierung des Asparagins am besten in schwach alkalischer Lösung vor sich geht. Eine nähere Bestimmung der Wasserstoffionenkonzentration hat er jedoch nicht vorgenommen.

Bei Versuchen mit Asparagin fand ich freilich, daß Ammoniak abgespalten wurde, und am besten so etwa bei $p_H = 7{,}8$, aber es war immer nur ein Teil, weniger als $50\,^0/_0$ des Totalstickstoffs. Wahrscheinlich war es nur die $— CO — NH_2$-Bin-

---

[1]) Pringsheim, Biochem. Zeitschr. **12**, 15, 1908.

[2]) Abderhalden und Schittenhelm, Zeitschr. f. physiol. Chem. **49**, 26, 1906.

[3]) F. Ehrlich, l. c.

[4]) Effront, Compt. rend. **146**, 779, 1908.

dung, also eine Peptidbindung, die von der Hefenereptase gelöst wurde.

Die Versuche in Tabelle IV und V, ebenso sämtliche Angaben in der Literatur über die Hefenautolyse bestätigen, daß die Desamidasen im Vergleich mit den anderen Enzymen nur eine untergeordnete Rolle dabei spielen. Die Ammoniakmenge nach vollständiger Autolyse beträgt höchstens ca. $15\,^0/_0$ des vorhandenen totalen Stickstoffs, gewöhnlich aber weniger, 5 bis $10\,^0/_0$.

Zusammenfassung.

Das Hauptergebnis der vorliegenden Arbeit läßt sich folgendermaßen zusammenfassen: In den einfachsten Hefezellen sind eiweißspaltende Enzyme von ganz analogem Typus, wie in dem so außerordentlich mehr spezialisierteren tierischen Organismus vorhanden. Hier gebe ich eine vergleichende Zusammenstellung von den proteolytischen Enzymen der Hefe und denen des Tierorganismus an:

Tierorganismus.	Hefe.
Pepsin: Spaltet genuine Eiweißkörper bis zu Peptonen. Die optimale [H']-Konzentration liegt bei $p_H = 1{,}5$.	**Hefe-Pepsin:** do. Opt. $p_H = 4$ bis $4{,}5$.
Pankreas-Trypsin: Spaltet gewisse Eiweißstoffe, Casein, Gelatine u. dgl., in kleinere Stücke, Peptide und Aminosäuren. Opt. $p_H = 8$.	**Hefe-Tryptase:** Greift das Hefeneiweiß nicht an, verhält sich im übrigen wie das Trypsin. Opt. $p_H = $ ca. $7{,}0$.
Erepsin: Spaltet einfachere Polypeptide bis zu Aminosäuren. Opt. $p_H = 7{,}8$.	**Hefenereptase:** do. Opt. $p_H = $ ca. $7{,}8$.

Die Wirkungen der beiden ersten Enzyme sind relativ schwierig zu verfolgen, die Spaltung von Glycylglycin durch Hefenereptase eignet sich dagegen ausgezeichnet für reaktionskinetische Studien. Diese sämtlichen Enzyme werden bei opti maler Wasserstoffionenkonzentration von Neutralsalzen von mäßigen (weniger als $^n/_1$-) Konzentrationen gar nicht oder sehr wenig beeinflußt.

Die vergleichende Studie über das Darmerepsin und die Hefenereptase fasse ich hier in zwei Punkte zusammen:

1. Hefenereptase und Darmerepsin verhalten sich gegenüber Glycylglycin ziemlich gleich. Die optimale Wasserstoffionenkonzentration bei Spaltungen dieses Dipeptids bei 38^0 liegt für diese beiden Enzyme bei $p_H = 7,8$, möglicherweise für Erepsin bei $p_H = 7,9$. Bei konstant gehaltener Wasserstoffionen- und im Verhältnis zum Substrat hinreichend großer Enzymkonzentration, wobei die Selbstzerstörung des Enzyms zu vernachlässigen ist, folgen die Spaltungskurven dem monomolekularen Reaktionsgesetz. Für beide Enzyme, als Säuren betrachtet, liegt der Wert der Dissoziationskonstante K_a in der Nähe von 10^{-7}, doch scheint sie etwas größer für Darmerepsin als für Hefenereptase zu sein.

2. Der vor allem wichtigste Unterschied zwischen diesen beiden Enzymen ist ihre verschiedene Empfindlichkeit gegen Neutralsalze. Während eine 0,5 n - Salzkonzentration gar keinen Einfluß auf die Wirkung der Hefenereptase bei optimaler Wasserstoffionenkonzentration zeigt, hemmt sogar eine 0,02 n die Wirkung des Darmerepsins merkbar. Und die hemmende Wirkung scheint ziemlich unabhängig von der Art der Ionen und nur durch ihre Gesamt-Konzentration bedingt. Gleich konzentrierte Lösungen setzen die Erepsinwirkung in demselben Betrag herab. Die Angaben Kobzarenkos über verschiedene Wirkung verschiedener Ionen, besonders von Kalium- und Natriumionen, haben sich als fehlerhaft erwiesen.

Die Autolyse der Hefe ist ein durch diese Enzyme verursachter, sukzessiver Eiweißabbau und kann nur dann vor sich gehen, wenn die verschiedenen Enzyme zugleich wirken können. Die optimale Wasserstoffionenkonzentration der Autolyse ist gleich $p_H = 6,0$, liegt also zwischen derjenigen der Hefetryptase und des Hefepepsins.

Was die Desamidasen der Hefe betrifft, so spielen sie bei der Autolyse nur eine untergeordnete Rolle. Ich habe die Beobachtung Pringsheims, daß die Desamidasen nicht in den Preßsaft übergehen, bestätigen können.

Literatur.

Abderhalden, Handbuch der biochemischen Arbeitsmethoden.

Abderhalden, Abwehrfermente. Berlin 1914.

Abderhalden u. Koelker, Zeitschr. f. physiol. Chem. **51**, 294, 1907.

Abderhalden u. Michaelis, Ibid. **52**, 326, 1907.

Abderhalden u. Brahm, Ibid. **57**, 342, 1908.

Abderhalden u. Schittenhelm, Ibid. **49**, 26, 1906.

Abderhalden u. Fodor, Ibid. **81**, 1, 1912.

Abderhalden u. Fodor, „Fermentforschung", **1**, 533, 1916.

Arrhenius, Medd. fr. K. Vet. Ak. Nobel-Inst. **1**, Nr. 9, 1908.

Arrhenius, Quantitative Laws of Biological Chemistry. London 1915.

Bayliss, W. M., Das Wesen der Enzymwirkung. Dresden 1910.

Bayliss, W. M., Journ. of Physiol. **46**, 236, 1913.

Buchner-Hahn, Die Zymasegärung. München 1903.

Buchner-Hahn, Bioch. Zeitschr. **19**, 191, 1909.

Buchner-Hahn, Ibid. **26**, 171, 1910.

Christiansen, J., Ibid. **47**, 226, 1912.

Cohnheim, Chemie der Eiweißkörper. 1910.

Compton, A., Roy. Soc. Proc. B. **88**, 408, 1915.

Cook, Amer. Chem. Journ. **36**, 1551, 1914.

Dernby, Zeitschr. f. physiol. Chem. **89**, 425, 1914.

Dernby, Compt. rend. Lab. Carlsberg, **11**, 264, 1916.

Dernby, Medd. fr. K. Vet. Ak. Nobel-Inst. **3**, Nr. 14, 1916.

Effront, Les catalyseurs biochimiques. Paris 1914.

Effront, Bull. Soc. Chim. Paris. **33**, 847, 1905.

Effront, Compt. rend. **146**, 779, 1908.

Ehrlich, F., Bioch. Zeitschr. **2**, 52, 1907.

Ehrlich, F., u. Wendel, Bioch. Zeitschr. **8**, 399, 1908.

Euler, Ark. Kemi. Min. o. Geol. Stockholm. Nr. 8, **31** u. **39**, 1907.

Euler u. af Ugglas, Zeitschr. f. physiol. Chem. **70**, 279, 1910.

Euler u. Dernby, Ibid. **89**, 408, 1914.

Euler u. Pope, General Chemistry of the Enzymes. London 1912.

Euler u. Lindner, Chemie der Hefe und der alkoholischen Gärung. Leipzig 1915.

Fischer, E., Ber. d. Deutsch. chem. Ges. **34**, 2868, 1901.

Gromow u. Grigorieff, Zeitschr. f. physiol. Chem. **42**, 299, 1904.

Hägglund, Hefe und Gärung in ihrer Abhängigkeit von Wasser-

Hammarsten, Lehrbuch der physiol. Chemie. Wiesbaden 1914.

Hedin, Grundzüge der physikalischen Chemie in ihrer Beziehung zur Biologie. Wiesbaden 1915.

Herzog, Zeitschr. f. physiol. Chem. **41**, 416, 1904.

stoff- und Hydroxylionen. Stuttgart 1914.

Höber, Physik. Chemie d. Zelle u. Gewebe. 1911.

Iwanoff, L., Zeitschr. f. physiol. Chem. **42**, 464, 1904.

Iwanoff, N., Bioch. Zeitschr. **63**, 359, 1914.

Jessen-Hansen, Die Formoltitration. Handb. bioch. Arb. 6, 270.

Kobzarenko, B., Bioch. Zeitschr. 66, 344, 1914.

Koelker, Zeitschr. f. physiol. Chem. 67, 297, 1910.

Kohlrausch u. Holborn, Das Leitvermögen der Elektrolyte. 1898.

Kossel, Ibid. 3, 284, 1880.

Kossowicz, Zeitschr. Landw. Vers. Österreichs. 6, 1903.

Kostytschew u. Brilliant, Zeitschr. f. physiol. Chem. 91, 372, 1914.

Kutscher, Ibid. 32, 59, 1901.

Loeb, J., Bioch. Zeitschr. 19, 534, 1909.

Lundén, Affinitätsmessungen an schwachen Säuren und Basen. Stuttgart 1908.

Lundén, Über amphotere Elektrolyte. Zeitschr. f. physikal. Chem. 54, 532, 1906.

Lundén, Medd. f. K. Vet. Ak. Nobel-Inst. 1, 11, 1908.

Lüers, Zeitschr. f. d. ges. Brauw. 37, 1914.

Melander, Bioch. Zeitschr. 74, 134, 1916.

Michaelis, Die Wasserstoffionenkonzentration. Berlin 1914.

Michaelis, Dynamik der Oberflächen. Dresden 1909.

Michaelis, Bioch. Zeitschr. 16, 81, 1909.

Michaelis, Ibid. 16, 486, 1909.

Michaelis, Ibid. 33, 182, 1911.

Michaelis, Ibid. 47, 250, 1912.

Michaelis, Ibid. 60, 91, 1914.

Michaelis u. Davidsohn, Ibid. 28, 1, 1910.

Michaelis u. Davidsohn, Ibid. 30, 143, 1910.

Michaelis u. Davidsohn, Ibid. 39, 496, 1912.

Michaelis u. Davidsohn, Ibid. 36, 280, 1911.

Michaelis u. Rona, Ibid. 25, 359, 1910.

Michaelis u. Rona, Ibid. 49, 232, 1912.

Michaelis u. Pechstein, Ibid. 47, 260, 1912.

Navassart, Zeitschr. f. physiol. Chem. 70, 189, 1911.

Navassart, Ibid. 72, 151, 1911.

Nelson u. Fales, Amer. Chem. Journ. 37, 2769, 1915.

Nelson u. Griffin, 38, 722, 1916.

Neuberg u. Schenk, Biochem. Zeitschr. 71, 138, 1915.

Neuberg u. Färber, Ibid. 78, 238, 1916.

Okada, S., Biochem. Journ. 10, 130, 1916.

Okada, S., Ibid. 10, 126, 1916.

Oppenheimer, Die Fermente. 1909.

Oppenheimer, Stoffwechselfermente. Braunschweig 1915.

Osborne, The Vegetable Proteins. London 1909.

Ostwald u. Luther, Physikochemische Messungen. 1910.

Palitzsch u. Walbum, Ibid. 47, 1, 1912.

Palladin, Bioch. Zeitschr. 44, 318, 1912.

Pekelharing u. Ringer, Zeitschr. f. physiol. Chem. 75, 282, 1911.

Pringsheim, Wochenschr. f. Brauer. 30, 399.

Pringsheim, Biochem. Zeitschr. **12**, 15, 1908.

Reiher, Zeitschr. f. physikal. Chem. **2**, 750, 1888.

Rice, Amer. Chem. Journ. **37**, 1319, 1915.

Ringer, Kolloid-Zeitschr. **19**, 253, 1916.

Robertson, T. B., Die physikalische Chemie der **Proteine.** Dresden 1912.

Robertson, T. B., Journ. of Biol. Chem. **5**, 493, **1909.**

Rona u. Arnheim, Bioch. Zeitschr. **57**, 84, 1913.

Salkowski, Zeitschr. f. physiol. Chem. **3**, 284, 1880.

Schjerning, Zeitschr. f. analyt. Chem. **37**, 416, 1898.

Schützenberger, Die Gärungserscheinungen. 1876.

Sörensen, S. P. L., Enzymstudien I. Bioch. **Zeitschr. 7**, 45, 1907.

Sörensen, S. P. L., Enzymstudien II. Ibid. **21**, 131, **1909.**

Sörensen, S. P. L., Ibid. **22**, 352, 1909.

Sörensen, S. P. L., Über die Messung und Bedeutung der Wasserstoffionenkonzentration bei biologischen Prozessen. **Asher-Spiros** Ergebn. d. Physiol. 1912.

Tammann, Zeitschr. f. physikal. Chem. **18**, 426, 1895.

Vandevelde, Bioch. Zeitschr. **40**, 1, 1913.

Vernon, Journ. of Physiol. **30**, 31, 1904.

Vines, Ann. of Bot. 18, 289, 1904.

Vines, Ibid. **23**, 1, 1909.

Walker, Zeitschr. f. physikal. Chem. **49**, 82, 1904.

Walker, Ibid. **51**, 706, **1905.**

Wildiers, „La Cellule". **18**, 313, 1901.

Winkelblech, Ibid. **36**, 546, 1901.

Wroblewski, Journ. prakt. Chem. **64**, 33, 1901.

Zaleski u. Schataloff, Bioch. Zeitschr. **55**, 63, **1913.**

Zaleski u. Schataloff, Ibid. **69**, 294, 1915.

Druck von Oscar Brandstetter in Leipzig.